高校土木工程专业卓越工程师教育培养计划系列教材

装配式混凝土结构

崔　瑶　范新海　主编

中国建筑工业出版社

图书在版编目（CIP）数据

装配式混凝土结构/崔瑶，范新海主编. —北京：中国建筑工业出版社，2016.11（2021.3重印）
高校土木工程专业卓越工程师教育培养计划系列教材
ISBN 978-7-112-20120-4

Ⅰ.①装… Ⅱ.①崔… ②范… Ⅲ.①装配式混凝土结构-高等学校-教材 Ⅳ.①TU37

中国版本图书馆 CIP 数据核字（2016）第 285374 号

本书是高等学校土木工程专业卓越工程师教育培养计划系列教材之一，书中系统介绍了装配式混凝土结构的设计方法与施工技术等。全书共分 6 章，主要内容包括：国内外装配式混凝土结构的国内外现状，装配式混凝土结构设计，装配式混凝土结构施工技术，装配式混凝土结构构件制作，BIM 技术在装配式混凝土建筑中的应用，施工验收与成本控制等内容。

本书是以国内外装配整体式结构发展为背景，以国内现有规范为原则，以当今国内装配整体式结构的施工技术为基础所编写的一本相对全面系统的图书。本书可作为土木工程专业（含建筑工程、桥梁工程、地下工程、道路与铁道工程四个方向）卓越工程师教育培养计划相关院校本科生教材，以及土木工程专业本科生、研究生参考教材；亦可供有关专业的师生、设计与施工技术人员和感兴趣的读者学习、参考。

责任编辑：李天虹
责任校对：李美娜 张 颖

高校土木工程专业卓越工程师教育培养计划系列教材
装配式混凝土结构
崔 瑶 范新海 主编

*

中国建筑工业出版社出版、发行（北京海淀三里河路 9 号）
各地新华书店、建筑书店经销
霸州市顺浩图文科技发展有限公司制版
北京建筑工业印刷厂印刷

*

开本：787×1092 毫米 1/16 印张：12¼ 字数：298 千字
2016 年 10 月第一版 2021 年 3 月第四次印刷
定价：**42.00 元**
ISBN 978-7-112-20120-4
（29603）

高校土木工程专业卓越工程师教育培养计划系列教材
编写委员会

主任委员：

    陈廷国　大连理工大学

    马荣全　中国建筑第八工程局工程研究院

副主任委员：

    王宝民　大连理工大学

    苗冬梅　中国建筑第八工程局工程研究院

    年廷凯　大连理工大学

    孙学锋　中国建筑第八工程局工程研究院

委员（按姓氏笔画排序）：

    于洪伟　中国建筑第八工程局工程研究院

    王子寒　河北工业大学

    王吉忠　大连理工大学

    方兴杰　中国建筑第八工程局工程研究院

    孔　琳　中国建筑第八工程局工程研究院

    牛　辉　中国建筑第八工程局工程研究院

    白　羽　中国建筑第八工程局工程研究院

    艾红梅　大连理工大学

    石运东　天津大学

    冉岸绿　中国建筑第八工程局工程研究院

    孙　旻　中国建筑第八工程局工程研究院

    刘　莎　大连理工大学

    邱文亮　大连理工大学

    李玉歧　上海大学

陈兴华　中国建筑第八工程局工程研究院

肖成志　河北工业大学

何建军　中国建筑第八工程局工程研究院

张建涛　大连理工大学

张明媛　大连理工大学

何　政　大连理工大学

李宪国　中国建筑第八工程局工程研究院

吴智敏　大连理工大学

张婷婷　大连理工大学

罗云标　天津大学

武亚军　上海大学

周光毅　中国建筑第八工程局工程研究院

范新海　中国建筑第八工程局工程研究院

郑德凤　辽宁师范大学

武震林　大连理工大学

姚守俨　中国建筑第八工程局工程研究院

姜韶华　大连理工大学

赵　璐　大连理工大学

徐云峰　中国建筑第八工程局工程研究院

郭志鑫　中国建筑第八工程局工程研究院

徐博瀚　大连理工大学

殷福新　大连理工大学

崔　瑶　大连理工大学

韩玉辉　中国建筑第八工程局工程研究院

葛　杰　中国建筑第八工程局工程研究院

前　　言

本书作为高等学校土木工程专业卓越工程师教育培养计划系列教材之一，编写时汲取了国内外有关装配式结构设计方法与施工技术的最新进展，坚持内容体系的科学性、系统性和先进性。该系列教材旨在满足土木工程专业的特色培养，以土木工程专业工程师培养为重点，以土木工程执业的基本资质为导向，借鉴国外优秀工程师培养的先进经验，探索并形成具有"工文交融"特色的卓越工程师培养模式。以"工程教育"为重点，建立"工程"与"管理"、"工程"与"技术"相融通的课程体系，树立"现代工程师"的人才培养观念。通过专业知识的学习，学生们应基础扎实、视野开阔、发展潜力大、创新意识强、工程素养突出、综合素质优秀，掌握土木工程的专门知识和关键技术。

本教材是以国内外装配式混凝土结构发展为背景，以国内现有规范为原则，以当今国内装配式混凝土结构设计及施工技术为基础所编写的一本相对全面系统的图书。本教材借鉴了国内外大量的研究成果和施工技术，将理论教学内容与实际工程相结合，以理论为指导，以实践为目的，努力使学生将理论知识转化为施工技术，达到学有所用的目的。同时，本教材作为国内少数介绍"装配式混凝土结构"的图书之一，对各建筑单位的施工技术也具有指导和借鉴的意义，也将有力推动我国"装配式混凝土"的研究与发展，从而减少现场施工对场地等条件的要求，提高建筑功能和结构性能，实现"四节一环保"的绿色发展要求，促进我国建筑业的整体发展。

由于国内装配式混凝土结构在设计与施工方面尚不完善，我国尚未出版相对全面的教材，不能为初学者提供相对权威的依据。因此，本教材致力于从全方位、多角度地阐述国内装配式混凝土结构的内容和施工方法。教材编写组主要成员以我校土木工程学院与中建八局工程研究院专家为主，兼顾国内工科院校从事结构设计与研究的优秀青年教师为核心组成的，所有成员长期工作在教学科研或工程实践第一线，主讲土木工程专业的基础课程，教学经验丰富，深受学生的喜爱。教材编写前积累了多年的教学和实践经验，编写组成员对本教材的编写做了大量的前期工作，收集、研读了国内外相关的教材与文献，力图取其长，用其精。

按照"装配式混凝土结构"的教学大纲编写，将研究＋工程技术型教学模式体现在教材中，内容涵盖装配式混凝土结构的设计方法、最新进展、信息化施工技术、工程案例等内容。紧密结合工程实际，在多个章节加入"工程实例及分析"内容，使学生充分认识到课程在实际工程中的重要地位。

该教材根据装配式混凝土结构设计的教学大纲编写而成，涵盖了国内外装配式混凝土结构的国内外现状，装配式混凝土结构设计，装配式混凝土结构施工技术，装配式混凝土结构构件制作，BIM技术在装配式混凝土建筑中的应用，施工验收与检测等内容。本书具备以下特点：

1. 内容全面，编排合理。本教材从最简单的装配式混凝土结构的概念出发，涵盖了必要的基础知识。注重理论基础和实例分析，重点突出，结构严谨。具有系统性、一致性和可扩展性。国内尚无合适的教材，本教材适应了部分本科生课程的实践化趋势。

2. 结构合理，循序渐进。本教材作为应届本科生走向建筑岗位的首要选择，内容由浅入深，详略得当，可为初学者打下良好基础，为进一步研究装配式混凝土结构的性能与施工技术提供理论依据。

3. 适应国情，通俗易懂。近些年来，装配整体式结构在我国得到了长足的发展，研究更加深入，但另一方面人们意识到装配式结构的潜力还有待进一步发掘，本书的出版能进一步推动装配整体式混凝土结构在我国的研究与发展，使该项技术得到进一步提升，逐步实现建筑行业的绿色施工标准。在重要概念引入时，尽可能做到简明扼要、自然浅显。

4. 主编教师团队从事建筑设计与施工多年，在高校任职，有踏实的理论基础与现场实践能力，还有丰富的教学经验。主编教师队伍及团队成员工作认真负责、教学态度严肃端正，具有良好的职业道德和师德风范，能很好地胜任本教材的编写与教学工作。

5. 本教材将 BIM 软件与结构设计有机结合，通过软件深化设计，利用设计更好地了解相关软件的使用方法，有助于学生更好地理解结构设计概念，加深学生对 BIM 相关理论知识的认识，反应相关学科发展趋势和经济社会发展的需要。

本书由崔瑶、范新海主编，苗冬梅、廖显东副主编，郭志鑫、牛辉、李雪丰、罗云标、石运东、徐博瀚等参加编写。具体分工如下：前言、第 1 章、第 3 章由大连理工大学崔瑶及中国建筑第八工程局工程研究院范新海、郭志鑫编写；第 2 章、第 4 章第 3～5 节由天津大学罗云标及中国建筑第八工程局工程研究院苗冬梅、牛辉、刘亚男编写；第 4 章第 1、2 节、第 5 章由天津大学由石运东及中国建筑第八工程局工程研究院苗冬梅、牛辉编写，第 6 章由中国建筑第八工程局工程研究院李雪丰及大连理工大学徐博瀚编写，最后由崔瑶统稿。

对于本书的顺利出版，还要感谢大连理工大学教育教学改革基金（MS201536、JG2015025）和教材出版基金（JC2016023），以及辽宁省本科教育教学改革基金项目（201650）、住建部土建类高等教育教学改革项目土木工程专业卓越计划专项（2013036）的资助，特别感谢中国建筑工业出版社的领导和责任编辑的大力支持。对于书中所引用文献的众多作者（列出的和未列出的）表示诚挚的谢意！

由于编者水平所限，加之编写时间仓促，书中难免有不当之处，敬请读者批评指正。

编　者
2016 年 10 月

目　　录

前言

第1章　装配式混凝土结构概论 ·················· 1

1.1　装配式建筑介绍 ·················· 1

1.2　装配式混凝土结构体系 ·················· 1

1.3　基本概念介绍 ·················· 2

1.4　装配式混凝土结构发展概况 ·················· 3

1.5　相关建筑工业化政策 ·················· 7

1.6　装配式混凝土结构的技术路线和发展思路 ·················· 13

第2章　装配式混凝土结构设计 ·················· 14

2.1　概述 ·················· 14

2.2　装配式混凝土建筑设计及结构设计基本规定 ·················· 14

2.3　装配整体式框架结构设计 ·················· 18

2.4　装配整体式剪力墙结构设计 ·················· 32

2.5　外墙挂板设计 ·················· 42

第3章　装配式混凝土结构施工技术 ·················· 54

3.1　机械选型与施工场地布置 ·················· 54

3.2　装配整体式框架结构施工技术 ·················· 61

3.3　装配整体式剪力墙结构施工技术 ·················· 75

3.4　外挂墙板施工技术 ·················· 91

第4章　装配式混凝土结构构件制作 ·················· 103

4.1　基本规定 ·················· 103

4.2　预制构件的生产模式 ·················· 103

4.3　预制构件制作工艺 ·················· 107

4.4　预制构件验算 ·················· 115

4.5　构件存放与运输 ·················· 118

第5章　BIM技术在装配式混凝土建筑中的应用 ·················· 122

5.1　概述 ·················· 122

5.2　BIM在装配式混凝土建筑设计阶段中的应用 ·················· 125

    5.3　BIM 在装配式混凝土建筑装配阶段的应用 ················ 145

    5.4　BIM 应用案例 ······································· 151

第 6 章　施工验收与成本控制 ······················· 158

    6.1　施工验收与检测 ····························· 158

    6.2　结构性能检验 ······························ 166

    6.3　成本控制 ································ 172

参考文献 ·· 186

第1章 装配式混凝土结构概论

本章学习要点：

了解装配式混凝土结构的国内外现状，掌握装配式混凝土结构体系，了解我国相关建筑工业化政策及装配式混凝土结构的技术路线及发展思路。

1.1 装配式建筑介绍

装配式建筑是指用预制构件在施工现场通过可靠连接方式装配而成的建筑。该种建筑具有施工快速、节省人力、受气候条件制约小、质量控制易行等显著优点。

装配式建筑具有数百年历史，对世界建筑行业影响深远。17世纪北美出现的一种采用木构架拼装的房屋，可认为是装配式建筑的雏形。19世纪，随着近代工业技术的发展，铁成为一种新的建筑材料，铁结构出现在人们的视野中。铁构件在工厂中铸造成型并运抵现场组装——这种建造方式已经具备装配式建筑施工的特点，采用这种方式建造的建筑如伦敦"水晶宫"、巴黎埃菲尔铁塔等轰动一时。20世纪初，一种新的建筑理念又引起了人们的兴趣。法国著名建筑师Le Corbusier在《走向新建筑》一书中写道，"如果房子也像汽车底盘一样工业化地成批生产，我们将看到意想不到的健康的、合理的形式很快出现，同时形成一种高精度的美学。"这种像汽车一样生产的、工业化的、标准化的、功能主义的建筑，在20世纪的西方掀起一股狂潮。英、法、美、加、苏联等国纷纷进行了研究、尝试与应用，成果丰硕。

如今，装配式建筑技术种类繁多，涉及学科门类广泛。现代装配式建筑按结构形式和施工方法主要分五种，即砌块建筑、板材建筑、盒式建筑、骨架板材建筑和升板、升层建筑等。其中，骨架板材建筑是由全预制或部分预制的骨架和板材连接而成的。本书中着重介绍的装配式混凝土结构体系即为骨架板材建筑的一种结构形式。

此外，采用钢结构、木结构、钢木组合结构等的建筑，由木材、钢材等预制成的梁、柱等构件组成承重骨架，并在工厂、施工现场进行组装，同样属于装配式建筑。

1.2 装配式混凝土结构体系

根据《装配式混凝土结构技术规程》JGJ 1—2014，装配式混凝土结构，简称装配式结构，是一种由预制混凝土构件通过可靠的连接方式装配而成的混凝土结构。装配式结构按连接方式分为两类，即装配整体式混凝土结构、全预制装配混凝土结构。我国当前多采用装配整体式混凝土结构，即由预制混凝土构件通过可靠的方式进行连接，并与现场后浇混凝土、水泥基灌浆料形成整体。

根据国内标准，和现浇混凝土结构类似，装配式混凝土结构也可分为装配式混凝土框架、框架-核心筒、框架-剪力墙结构，以及装配式混凝土剪力墙结构。

装配式混凝土框架结构主要采用预制混凝土柱作为竖向承重构件，其他竖向承重构件可全预制，也可部分预制。预制柱与水平承重构件可通过后浇混凝土、钢筋套筒灌浆、焊缝或螺栓等方式连接。除预制混凝土柱外，还可采用预制桩、预制叠合楼板、预制楼梯、预制阳台等其他预制承重构件。值得注意的是，当前技术条件下，提倡水平预制承重构件采用预应力技术。此法可使预制构件跨度增加，进而减少预制构件总数量，提高生产与施工效率，降低连接部位施工的成本。

装配式混凝土剪力墙结构主要采用预制混凝土剪力墙作为竖向承重构件。预制剪力墙与水平承重构件亦可通过后浇混凝土、钢筋套筒灌浆、焊缝或螺栓等方式连接。除预制混凝土剪力墙外，还可采用预制承重墙板、预制叠合楼板、预制楼梯、预制阳台等其他预制承重构件。

装配式混凝土结构体系与传统现浇结构也有着根本上的不同。传统现浇结构的破坏多见于构件本身，如梁近端部剪坏，或梁跨中受压区混凝土压碎、受拉钢筋屈服等。然而，大量资料表明，装配式混凝土结构的破坏常常始于构件间的连接节点，如梁柱节点局部发生混凝土压碎或钢筋连接屈服，导致结构挠度过大甚至结构整体离散而破坏。因此，装配式混凝土结构中，预制构件的连接具有相当重要的作用。

1.3 基本概念介绍

（1）预制混凝土构件

预制混凝土构件是指在工厂或现场预先制作的混凝土构件，也可简称为预制构件。作为装配式结构的组成单元，预制构件种类繁多、功能多样。除作为非结构构件如预制外挂墙板、预制外墙板、预制内隔墙板等之外，预制构件也可作为结构构件，如叠合受弯构件、预制柱、预制桩等。下面介绍一些常见的预制构件。

混凝土叠合受弯构件在我国广泛应用于装配整体式混凝土结构，是指预制混凝土梁、板顶部在现场后浇混凝土而形成的整体受弯构件。这些构件预制混凝土与后浇混凝土共存，一般的，预制部分常在底部，后浇部分常在顶部，可分别简称为叠合板、叠合梁。

（2）预制构件的连接

一般来说，装配式混凝土结构的连接方式按是否存在现场湿作业划分，主要有两种，即整体式连接、干式连接。

整体式连接，也可称为等同现浇连接、湿式连接，目前有多种施工工法，形式多样，日新月异，如浆锚连接、键槽链接、灌浆拼接、型钢辅助连接等。整体式连接的整体性好，性能往往要求等同甚至更优于现浇整体式结构。在我国，以钢筋套筒灌浆连接为主的浆锚连接施工工法最为常用。钢筋套筒灌浆连接是指在预制混凝土构件内预埋的金属套筒中插入钢筋并灌注水泥基灌浆料而实现的钢筋连接方式。

干式连接不采用现场湿作业，目前也有多种施工工法，如牛腿连接、预应力压接、预埋螺栓连接、预埋件焊接、钢吊架连接等。干式连接广泛应用于欧美发达国家，其施工简便、人力成本低、现场施工产生的污染相对较小。其中，牛腿连接又分为明牛腿连接和暗牛腿连接两种，目前在我国可见应用于装配式单层或多层厂房。

1.4 装配式混凝土结构发展概况

1.4.1 国外装配式混凝土结构发展里程

装配式建筑历史悠久，而装配式混凝土结构出现得较晚，这是由于砌块、石块、木构架等组成的承重体系早于混凝土的出现。装配式混凝土结构的发展，根本上是预制混凝土技术的发展。这里我们将从预制混凝土技术发展的角度，介绍国外装配式混凝土结构发展的概况。

1875 年 6 月，W. H. Lascelles 提出一种新的混凝土建造体系，并获得了英国 2151 号发明专利。专利提出，在承重骨架上安装集成各项功能的预制混凝土外墙板，这标志着预制混凝土应用的起源。值得注意的是，此时的预制混凝土仅用于填充墙，并未开始作为结构的承重构件出现。这种技术并未大范围推广，零星应用在一些特殊的建筑当中，作为预制混凝土砌块，替代砖石而存在。预制混凝土砌块相对于天然石块来说经济廉价，搭建迅速，在 19 世纪末至 20 世纪初的美国、欧洲偶有出现。

20 世纪初，法国建筑师 A. Perret 用预制混凝土组成外立面。1922 年，他在一座教堂的设计中采用了现浇混凝土框架，并且采用了预制混凝土砌块和点缀性的彩色玻璃共同组成的高耸的外墙。预制混凝土的承重潜力在这里已经得到了暗示。另外，在美国还出现了在现浇承重骨架上安装的、若干大块预制混凝土板组成的外墙。

20 世纪 30 年代，法国工程师 E. Mopin 提出了另一种预制混凝土体系。他提出，在钢骨架组成的结构中，用预制混凝土外壳作为"永久性的模板"来使用，施工时向预制混凝土外壳内浇筑，并在节点处建立可靠连接，这样，提升了钢骨架的承载能力，并且提供了有效的约束。这种体系在英国的一处公寓 Quarry Hill Flats 中得到了不完全的应用。虽然当时此工程遭遇了很多施工困难和质量问题，如工期延误、预制混凝土"模板"堆叠过高而难以浇捣、预制混凝土连接节点开裂等，但是，这种革命性的施工方法的出现，表明预制混凝土已经参与承载并且成为了结构构件的一部分。

"二战"后，经济高效、节省人力的预制混凝土及其装配技术迎来了黄金时期，被大量用于战后城市的重建中。例如，位于法国北部诺曼底地区的港口城市 Le Havre，战火中几近全毁，战后重建时就广泛应用了现浇混凝土框架与预制混凝土填充墙组成的体系。新建造方式大大提高了重建效率，引起了相当一批建筑师、结构师和工程人员的关注。预制混凝土真正地走上了建筑工程的舞台。另一个著名案例，是出自法国建筑大师 Le Corbusier 之手的 Marseilles Unite（马赛公寓）。这座公寓竣工于 1952 年，设计时采用模数确定建筑的所有尺寸，建筑主体为现浇混凝土，外墙板全部采用了工厂内预制的混凝土外墙板，现场装配而成。

随着战后运输和吊装设备的发展，大型化预制构件的应用成为可能。如 Reema 体系、Wates 体系的数吨重的整块预制混凝土后浇墙板出现了。大型化的预制板也能够直接构成主体结构，如法国、德国、丹麦等西欧国家随后出现的各种类型的大板住宅建筑体系，如 Cauus 体系、Larsena&Nielse 体系等。在一些大板结构中，预制混凝土构件真正成为了结构构件，主体结构构件采用预制混凝土楼板和预制混凝土墙板。在美国、日本、加拿大以及北欧国家也出现了一种预制盒子结构，这种盒子结构是六面体预制构件，即把一个房间连同设备装修等，按照定型模式，在工厂依照盒子形式完全制作好，然后在现场吊装完毕。盒子结构著名的应用案例有，由 Safdie Moshe 设计的 Habitat 67 集合住宅，位于加拿大蒙特利尔，是 1967 年世博会的一大地标建筑；由日本建筑大师黑川纪章设计的中银舱体楼等。

20 世纪 60～70 年代，虽然战后重建的热潮已经结束，但欧美社会劳动力持续减少，人力成本持续增加，因此，节约人力的装配式结构的发展势头仍然强劲。在这一时期，预制混凝土与装配式结构不仅仅在住宅中得到推广。公共建筑的建设，使得预制柱、支撑以及大跨度预制楼板等预制构件在框架结构体系的运用中逐渐成熟。工业厂房以及体育场馆的建设，使得预制柱、预应力桁架、桁条和棚顶得到了广泛应用。

同一时期，不同于欧洲，大洋彼岸的美国出现了另一种装配式结构体系，即不采用后浇混凝土，而采用干式连接的全预制装配式结构。这种结构体系在 20 世纪 70 年代及以后的美国已经十分常见。由于美国建筑行业较为专精化，预制构件安装和混凝土浇筑两项工作往往由不同企业承担，若沿用欧洲的部分预制、部分现浇的体系，则会带来很多经济上的问题。并且美国有发达的计算机科学技术和素质较高的结构设计人员，能够对干式连接节点的传力方式加以控制，从而进一步精打细算，提高机械化程度，同时降低了材料和人力成本。经过数十年的发展，全预制混凝土结构由于其成本低廉、质量控制容易，在美国已经占据了装配式混凝土结构的主导地位。

20 世纪 70 年代后，装配式结构的发展变得多元化。经历若干次大地震之后，早期装配式结构的抗震性能问题暴露出来。装配式结构，尤其是高层装配式结构的抗震问题，至今也仍然是工程界的一大难题。很多地震中的案例表明，早期的半预制半后浇结构的抗震性能往往略优于全预制结构。但是，经过 20 世纪末期的发展，美国全预制结构在解决抗震问题方面取得了较大进展，如今二者孰优孰劣，尚难有定论（图 1-1，图 1-2）。

图 1-1　美国奥克维尔出行火车站停车场

此外，欧美建筑行业形势持续下滑，这种下滑的趋势最终影响到了装配式建筑的应用市场，大量的预制构件厂由于市场不景气、产能过剩、技术落后而面临破产的危机。这也刺激了欧美预制混凝土行业，使之技术水平不断发展。例如，20 世纪 80 年代，德国 FIL-IGRAN 公司发明了钢筋桁架式的叠合楼板。这种叠合楼板中预制混凝土与后浇混凝土共存，下半部是预制混凝土及预埋的钢筋桁架，钢筋桁架纵向贯穿，上半部为后浇混凝土。这种技术在欧洲地区得到了大量推广。随后，日本、中国的一些企业也相继引入该系统，

图 1-2　美国绿色广场停车场（预制混凝土框架结构）

一直沿用至今。

日本在欧美装配式结构技术的基础上，发展出了自己的特色。这种系统的特色，就是采取半预制半后浇，设计多种节点连接方式，使整体结构取得与传统现浇结构相比等同甚至更优的抗震性能。日本装配式结构大致引入于20世纪50年代。20世纪70年代，日本装配式结构的应用形势同样开始下滑，其原因可能是由于构件模块化、大型化或标准化程度不足导致造价过高；设计过于标准化，难以得到社会欢迎；日本多发地震，早期装配式结构的抗震性能很难满足抗震要求；法律审批程序复杂等。这些因素加上日本社会劳动力减少、政府的推广等，共同刺激了日本的众多预制构件厂和建筑公司思索和转型，日本独特的装配式结构的发展也自此开始。在20世纪最后二三十年里，日本装配式结构采取半预制半后浇为主，至今仍然占据着建筑市场的一部分份额。日本装配式结构兼顾了半预制结构优异的抗震性能和预制混凝土节约人力的优点，而弊端之一就是建造成本较高。建造的时候，往往要在预制的高成本与人力的高成本之间权衡。日本的这种体系与我国当前兴起的装配整体式结构体系类似（图1-3）。

图 1-3　日本岐阜安部工业主楼（整体预应力装配式结构）

1.4.2　国内装配式混凝土结构发展概况

我国的装配式结构大致始于20世纪50年代，在苏联建筑工业化的影响下，我国建筑行业开始走预制装配式的发展道路。这一时期的主要预制件有预制柱、预制吊车梁、预制屋面梁、预制屋面板、预制天窗架等。除屋面板及一些小型吊车梁、小跨度屋架外，大多是现场预制，即使工厂预制，也往往由现场建立的临时性预制场预制，预制作业仍然是施工企业的一部分。

20 世纪 60 年代末 70 年代初，随着中小预应力构件的发展，城乡出现了大批预制构件厂。用于民用建筑的空心板、平板、檩条、挂瓦扳，用于工业建筑的屋面板、F 形板、槽型板以及工业与民用建筑均可采用的 V 形折板、马鞍形板等成为这些构件厂的主要产品，预制构件行业的市场开始形成。到了 20 世纪 80 年代，在政府部门持续大力推广下，大批的混凝土大板和框架轻板厂开始出现，掀起了预制混凝土行业的一股狂潮，这一时期，预制混凝土工业化程度明显提高，预制构件种类多样，包括预制外墙板、预应力大楼板、预应力圆孔板、预制阳台板、预制吊车梁、预制柱、预制预应力屋架、预制屋面板、预制屋面梁等。

20 世纪 90 年代，我国预制混凝土行业经历了停滞期，预制构件厂泛滥，趋于同质化，产能严重过剩，大中型构件厂难以为继，某些资质不足的小型乡镇构件厂充斥市场，导致部品质量下降，造成了很多安全隐患。并且，预制混凝土的抗震性能也在这一时期受到了广泛争议。预制混凝土在国内一度成为质量低劣、抗震性能不良的代名词，一些地区也勒令禁用预制混凝土结构。因此，与西方、日本预制混凝土行业经久不衰相比，20 年代末至 21 世纪初，我国预制混凝土行业几乎销声匿迹。

如今，随着建筑工业化、住宅产业化概念的提出和装配整体式结构体系的发展，预制混凝土、装配式结构又重新回到了人们的视野当中，也得到了政府部门的大力推广。如今的装配式结构已今非昔比，并已成为我国建筑行业发展的一大趋势（图 1-4，图 1-5）。

图 1-4　中建虹桥生态商务社区　　　　图 1-5　华润置地闸北 10-03 地块住办商品房
　　　　（装配式框架结构）　　　　　　　　　　（装配式剪力墙结构）

由于施工场地限制、环境保护要求严格，我国香港地区的装配式建筑应用非常普遍。由香港屋宇署负责制订的预制建筑设计和施工规范很完善，高层住宅多采用叠合楼板、预制楼梯和预制外墙等方式建造，厂房类建筑一般采用装配式框架结构或钢结构建造。

我国台湾地区的装配式混凝土建筑应用也较为普遍建筑，体系和日本、韩国接近，装配式结构的节点连接构造和抗震、隔震技术的研究和应用都很成熟，装配框架梁柱、预制外墙挂板等构件应用较广泛，预制建筑专业化施工管理水平较高，装配式建筑质量好、工期短的优势得到了充分体现。

1.5 相关建筑工业化政策

1.5.1 国家行业政策

建筑工业化是指通过现代化的制造、运输、安装和科学管理的大工业的生产方式，来代替传统建筑业中分散的、低水平的、低效率的手工业生产方式。它的主要标志是建筑设计标准化、构配件生产施工化，施工机械化和组织管理科学化，从而达到提高质量，提高效率，提高寿命，降低成本，降低能耗的目的。其中，建筑设计标准化指，从统一设计构配件入手，尽量减少构配件的类型，进而形成单元或整个房屋的标准设计；构件生产施工化指，构配件生产集中在工厂进行，逐步做到商品化；施工机械化指用机械取代繁重的体力劳动，用机械在施工现场安装构件与配件；而组织管理科学化指，用科学的方法来进行工程项目管理，避免主观臆断或凭经验管理。

建筑工业化是我国建筑业的发展方向，随着建筑业体制改革的不断深化和建筑规模的持续扩大，建筑业发展较快，物质技术基础显著增强，但从整体看，劳动生产率提高幅度不大，质量问题较多，整体技术进步缓慢。为确保各类建筑最终产品特别是住宅建筑的质量和功能，优化产业结构，加快建设速度，改善劳动条件，大幅度提高劳动生产率，使建筑业尽快走上质量效益型道路，成为国民经济的支柱产业。我们主要吸取我国几十年来发展建筑工业化的历史经验，以及国外的有益经验和做法；考虑我国建筑业技术发展现状、地区间的差距，以及劳动力资源丰富的特点；适应发展建筑市场和继续深化建筑业体制改革的要求；重点是房屋建筑，特别是量大面广、对提高人民居住水平直接相关的住宅建筑。

党的十八大提出的新型城镇化发展战略和"美丽中国"构想为我国未来经济发展指明了方向。2013 年 1 月 1 日国务院办公厅出台了 1 号文件《绿色建筑行动方案》，进一步明确了城乡建设将走绿色、循环、低碳的科学发展道路。文件要求：住房城乡建设等部门要尽快建立促进建筑工业化的设计、施工、部品生产等环节的标准体系，推动结构构件、部件、部品的标准化，丰富标准件的种类，提高通用性和可置换性。推广适合工业化生产的预制装配式混凝土结构、钢结构等建筑体系，加快发展建设工程的预制装配技术，提高建筑工业化技术集成水平。支持集设计、生产、施工于一体的工业化基地建设，开展工业化建筑试点示范工程建设。

《国家新型城镇化规划（2014～2020 年）》明确要求，积极推进建筑工业化、标准化，提高住宅工业化比例。在地方，住宅产业化成为多个城市发展新兴产业的抓手，一系列支持政策陆续出台。2014 年 5 月，住房和城乡建设部副部长齐骥在讲话中指出："当前，全面推进住宅产业现代化正逢其时"。2014 年 7 月出台的《关于建筑业的发展与改革的若干意见》当中，就明确提出如何推动建筑现代化。9 月 8 日，在"全国工程质量治理两年行动电视电话会议"上住房和城乡建设部副部长王宁透露，住建部正在制定建筑产业的现代化发展纲要。纲要中初步确定发展目标是：到 2015 年底，除西部少数省区外，其他地方都应具备相应规模的构件生产能力；政府投资和保障性安居工程要率先采用这种建造方式；用产业化方式建造的新开工住宅面积所占比例逐年增加，每年增长 2 个百分点。

根据国家发改委测算，"十二五"期间节能减排的重点工程总投资约 23660 亿元。到 2020 年前，用于建筑节能项目的投资至少将有 1.5 万亿元。大规模投资建设的展开，给钢结构等绿色环保建筑行业带来难得的发展机遇。

《方案》指出，政府投资的公益性建筑、大型公共建筑以及各直辖市、省会城市的保障性住房要全面执行绿色建筑标准。其中明确提出到 2015 年城镇新建建筑绿色建筑标准执行率达到 20%，新增绿色建筑 3 亿 m² 的发展目标。

国务院总理 2015 年政府工作报告中"深入推进新型城镇化"中提出了三项工作，在第三项"加强城市规划管理"中提到：积极推广绿色建筑和建材，大力发展钢结构和装配式建筑，提高建筑工程标准和质量。打造智慧城市，改善人居环境，使人民群众生活得更安心、更省心、更舒心。

中央"十三五"发展规划纲要，在"推进新型城镇化"篇章中提到多项关于建筑工业化的规划。其中，在"提升城市治理水平"中提出：发展适用、经济、绿色、美观建筑，提高建筑技术水平、安全标志和工程质量，推广装配式建筑和钢结构建筑。在"促进房地产市场健康发展"中提出：加快推进住宅产业现代化，提升住宅综合品质。

"中共中央国务院关于进一步加强城市规划建设管理工作的若干意见"的"提升城市建筑水平"章节中提出：发展新型建造方式。大力推广装配式建筑，减少建筑垃圾和扬尘污染，缩短建造工期，提升工程质量。制定装配式建筑设计、施工和验收规范。完善部品部件标准，实现建筑部品部件工厂化生产。鼓励建筑企业装配式施工，现场装配。建设国家级装配式建筑生产基地。加大政策支持力度，力争用 10 年左右的时间，是装配式建筑占新建建筑的比例达到 30%。积极稳妥推广钢结构建筑。在具备条件的地方，倡导发展现代木结构建筑。

1.5.2 省市行业政策

新型住宅产业加快绿色城市建设。上海、安徽、深圳等地都开始在保障房项目中推动住宅产业化。不少地方还出台了经济激励政策。截至 2015 年底，共批准和建成国家住宅产业化综合试点城市 11 个以及国家住宅产业化基地 59 个。其中，国家住宅产业化综合试点城市有深圳、南通、济南、北京、合肥、绍兴、厦门、乌海、太原、大同、长沙。

（1）上海市

2014 年，上海市政府办公厅转发了《上海市绿色建筑发展三年行动计划（2104～2016）》。行动计划指出，2014 年下半年起新建民用建筑原则上全部按照绿色建筑一星级及以上标准建设。其中，单体建筑面积 2 万 m² 以上大型公共建筑和国家机关办公建筑，按照绿色建筑二星级及以上标准建设；八个低碳发展实践区（长宁虹桥地区、黄浦外滩滨江地区、徐汇滨江地区、奉贤南桥新城、崇明县、虹桥商务区、临港地区、金桥出口加工区）、六大重点功能区域（世博园区、虹桥商务区、国际旅游度假区、临港地区、前滩地区、黄浦江两岸）内的新建民用建筑，按照绿色建筑二星级及以上标准建设的建筑面积占同期新建民用建筑的总建筑面积比例，不低于 50%。

新建装配式建筑。各区县政府在本区域供地面积总量中落实的装配式建筑的建筑面积比例，2014年不少于25%；2015年不少于50%；2016年，外环线以内符合条件的新建民用建筑原则上全部采用装配式建筑，装配式建筑比例进一步提高。

2016年上海市新地块装配式建筑将逾五成。当前，提出的预制率要求还比较低，属于第一阶段：住宅单体预制装配率应不低于15%（外环线以内项目则不低于25%），其中，住宅外墙采用预制或叠合墙体的面积应不低于50%。同时，要求装配式的商品住宅必须实施全装修。政府投资的学校、养老院、保障房等公共建筑项目，优先实施装配式技术。

（2）广东省

2014年，深圳市住房和建设局、深圳市规划和国土资源委员会、深圳市人居环境委员会联合制定了《关于加快推进深圳住宅产业化的指导意见》（以下简称指导意见）。意见中提出，自2015年起，新出让土地、政府投资保障房、安居型商品房将100%按标准化设计、产业化方式建造；自有土地自愿实施产业化方式建造将给予3%建筑面积奖励，地价按50%市场评估地价计收；产业化住宅由主体建设到2/3改为1/3预售。

（3）江苏省

2014年扬州在全省率先出台《关于加快推进建筑产业化发展的指导意见》（以下简称《指导意见》），制定多项优惠政策，大力提高装配式技术在建筑领域的普及应用。《指导意见》的出台，为进一步推进建筑产业现代化作出了大胆尝试。《指导意见》提出了"大力推进建筑产业化项目建设、加快技术标准体系建设、大力推广装配式建筑技术、注重培育产业化龙头企业"的发展目标。《指导意见》要求，在保障房和回迁安置房建设中优先安排一定数量的装配式建筑项目，鼓励在政府和国有企业投资建设项目中，积极应用装配式建筑技术。对于主动采用装配式建筑技术建设的房地产开发建设单位，在办理规划审批时，其外墙预制部分建筑面积可不计入成交地块的容积率计算。采用装配式建筑技术的开发建设项目，在符合相关政策规定范围内可分期交纳土地出让金。对预制装配率达到40%以上的建筑单体项目，减免50%城市建设配套费。除此之外，《指导意见》指出，购买采用装配式建筑技术的商品住宅、全装修商品住宅的消费者，住房公积金贷款首付比例按政策允许范围内最低首付比例执行。

江苏省住房和城乡建设厅副厅长顾小平对省政府日前出台的《关于加快推进建筑产业现代化促进建筑产业转型升级的意见》做出具体解读（以下简称《意见》）。《意见》指出，建筑产业现代化是以"标准化设计、工业化生产、装配化施工、成品化装修、信息化管理"为特征，有利于提高劳动生产率、降低资源能源消耗、提升建筑品质和改善人居环境质量。10年后现代化建造方式占比将超50%成主要建造方式。《意见》明确了以绿色建筑为方向、建筑工业化为手段、住宅产业现代化为重点的实现路径，并制定了10年期的发展战略。按照《意见》，到2025年末，江苏省全省建筑产业现代化施工的建筑面积占同期新开工建筑的比例，新建建筑装配化率要达到50%以上，装饰装修装配化率达到60%以上，新建成品住房比例达50%以上。

（4）安徽省

安徽省经信委2014年在全省工业领域滚动实施"五个一百"专项行动，目标是到2017年，全省规模以上工业节能环保产业产值突破1000亿元，实现年均20%以上增长。节能环保产业是安徽加快培育和发展的战略性新兴产业之一，涉及节能环保技术、装备产品和服务等，产业链长，关联度大，吸纳就业能力强，对推动产业升级和发展方式转变、促进节能减排和民生改善的作用明显。此次，"五个一百"专项行动具体为：壮大100户节能环保生产企业，推介100项节能环保先进技术，推广100种节能环保装备产品，实施100个节能环保重点项目，培育100家节能环保服务公司。

2014年，安徽省合肥市在保障房、拆迁安置房、工业园区的厂房和配套用房建设中采用住宅产业化方式建造。其中，当时拟将25万套、面积达40万 m^2 的公共租赁房全部纳入产业化的建设范围。作为安徽省首批建筑产业化工程试点城市，马鞍山市2014年将以保障性住房为重点，计划实施20万 m^2 建筑产业化试点工程。

同年，安徽省住房和城乡建设厅、省财政厅联合发文，滁州市被列为安徽省首批三个建筑产业现代化综合试点城市之一，并获200元财政补助资金。滁州市建筑产业化发展目标是：到2020年，形成一批以骨干企业为核心、产业链完善的产业集群，以加快发展部品部件生产制造为重点，建设绿色建材产业园区，建设2～3家大型预制构部件生产企业，发展1～2个省级建筑产业现代化基地。以住宅建筑、标准化工业厂房为重点，力争2020年滁州市全市预制装配式项目建筑面积达500万 m^2，单体建筑预制装配化率达到15%以上。

（5）浙江省

宁波市行政区域内，只要经国家、省或市级住房城乡建设行政主管部门组织评审通过，获得二、三星级绿色建筑设计标识的房地产开发项目，在满足宁波市现行商品房预售管理规定的基础上，准予提前预售。这里有两档进度条件：二星级绿色建筑，多层、中高层及高层建筑主体结构完成四分之一及以上；三星级绿色建筑，多层、中高层及高层建筑主体结构完成正负零及以上。即相对标高，一般指建筑物底层室内地坪面。

同时，经认定的新型建筑工业化建筑，采用预制混凝土结构体系的，预制装配率达到15%及以上，与二星级绿色建筑预售条件相同；预制装配率达到30%及以上或者采用钢结构体系的住宅建筑，与三星级绿色建筑预售条件相同。

根据2014年浙江省住建厅推进新型建筑工业化发展目标，嘉兴计划到2015年实现示范项目总面积不少于5万 m^2，2016年起每年至少要有20万 m^2 新开工项目采用新型建筑工业化方式建造。

（6）福建省

2014年厦门市出台《关于推进我市新型建筑工业化实施方案》，系统提出了厦门市推进建筑工业化和住宅产业化的目标。2015年，全市每个区至少安排1个项目用于新型建筑工业化试点建设。2016年起，落实建筑面积不少于30%，并按每年不少于5%比例递增的建筑面积用于示范项目建设。到2020年，形成一个集成化、系统化、规模化的建筑产业集群，厦门市装配式建筑达到当年开工建筑面积的50%以上。

（7）山东省

围绕"从'有居'迈向'宜居'"这一目标和实现手段，烟台市明确了住宅产业化的工作思路，即坚持以人为本，树立全面、协调、可持续的发展观，以技术创新和科技进步为依托，以工业化住宅结构体系、通用住宅部品体系为基础，强力推进太阳能热水器与建筑一体化应用，抓好住宅性能认定和康居示范工程，推广住宅装修一次到位，推进住宅产业化；按照减量化、再利用、资源化的原则，搞好资源综合利用，大力抓好"节能、节地、节水、节材"工作，建设节能省地型住宅，使住宅建设真正实现低收入、高产出，低消耗、少排放，高质量、长寿命，为促进全市循环经济的形成和经济社会的可持续发展发挥积极作用。

济南市计划出台更大力度的引导政策：一是计划将住宅产业化纳入招拍挂土地的条件，二是将对实施产业化技术的项目给予容积率、预售资金提前解冻等方面的支持。明确到 2016 年底，全市采用住宅产业化技术建设的项目面积占新建项目面积的比例不低于30％，到 2018 年底不低于 50％。明确要求，政府投资类项目要率先推广住宅产业化技术，保障房、公租房等政府投资类工程要 100％应用住宅产业化技术，政府各平台建设项目 50％需采用产业化建造方式，新开工建设的房地产开发项目产业化比例不低于 20％。

青岛市城乡建设委下发的《关于进一步推进建筑产业化发展的意见》（以下简称"《意见》"）中，2014 年，全市装配式建筑项目开工面积要达到 50 万 m^2；2015 年，达到 100万 m^2。2016 年底开始，装配式建筑项目占全市住宅开工总量的比例要达到 20％以上。新建住宅性能认定比例达到 25％以上，新建住宅一次性装修比例达到 40％以上。

潍坊市正式实施《关于推进住宅产业现代化提高住宅质量若干意见》，其中为全面推进住宅产业现代化，实现房地产业绿色发展，潍坊市住房和城乡建设局提出到 2018 年，全市装配式住宅面积达到新建住宅面积的 20％以上的目标。

（8）陕西省

陕西省探索建筑产业现代化发展路径，装配式建筑将唱主角，对采取装配式建筑技术的项目将给予政策倾斜。为营造有利的市场和政策环境，陕西省住建厅将针对采取装配式建筑技术的开发建设项目，在规划审批、竣工验收、设施配套与考核方面将给予一定程度的政策倾斜。

（9）河北省

绿色建筑正当时，资源和环境之间矛盾的倒逼，迫切需要改变传统的建造模式。在认真分析总结了国内外发展的经验和教训后，河北省积极投入到建设试点基地和项目的工作中来，以点带面推进河北住宅产业现代化进程。河北省保定市新建住宅节能 75％标准已实施。

（10）湖南省

湖南住宅产业化实施细则"干货十足"，湖南住宅产业化发展大幕刚启，眼下再迎政策红利。湖南省政府办公厅本月印发《湖南省推进住宅产业化实施细则》（以下简称《实施细则》），在 2014 年 4 月出台《省政府关于推进住宅产业化的指导意见》基础上，给出了更细化的支持政策。

《实施细则》要求，2015～2016 年各市州政府在本区域内住宅供地面积总量中，落实不少于 25％用于住宅产业化项目（长株潭地区不少于 30％），2017～2018 年不少于 35％（长株潭地区不少于 40％），2019～2020 年不少于 40％（长株潭地区不少于 50％）。到 2020 年，湖南省力争保障性住房、写字楼、酒店等建设项目预制装配化（PC）率达 80％以上。《实施细则》指出，对采用工业化方式建设的房地产开发项目，预制装配率（指预制构件在建筑总体构件中的占比）超过 50％的，给予 3％～5％的建筑容积率奖励；纳入国家康居示范工程的住宅产业化项目，实行项目资本金监管额度减半、公积金优先放贷等政策；10 层以上的住宅产业化项目，建设单位可申请主体结构中间验收和分段验收；省财政给予住宅产业化基地（园区）投资建设企业奖励等。

《实施细则》同时指出，凡购买预制装配率达到 30％的产业化商品房项目的消费者，可享受首套房购买政策，可异地申请住房公积金贷款，公积金贷款首付比例 20％。

《长沙市人民政府关于加快推进两型住宅产业化的意见》（以下简称"《意见》"）2014年 8 月 10 日起实行，针对建设单位、生产企业、消费市场出台了系列扶持措施。

《意见》明确了住宅产业化的产值目标和 2014～2016 年的年度任务。至 2016 年末，全市两型住宅产业化新开工面积累计超过 1000 万 m²，打造千亿级两型住宅产业集群。2014、2015 和 2016 年全市两型住宅产业化新开工面积比例分别不少于同期新开工总建筑面积的 10％、15％和 20％，新开工面积分别不少于 200 万 m²、300 万 m²、400 万 m²。《意见》要求全市两型住宅产业化新开工项目预制装配化率须达到 50％（含 50％）以上。

该《指导意见》明确，对主动申请采用工业化方式建设的住宅开发项目，研究制定预制外墙部分不计入建筑面积、保障性住房建造增加成本计入项目建设成本、建筑面积奖励和新型墙体材料专项资金支持等相关扶持政策。对住宅产业化或预制装配化（PC）率达到 50％的建设项目，在符合总体规划的前提下，在建筑容积率上给予适当奖励。此外，还将鼓励知识产权转化应用。

（11）湖北省

2014 年 10 月 27 日，武汉市政府常务会议原则上通过了《市人民政府关于推进建筑产业现代化发展的实施意见》，《意见》提出，到 2017 年，武汉市建筑产业现代化建造项目达到当年开工面积的 15％，试点示范项目建筑面积超过 80 万 m²。建设一批建筑产业现代化园区，加强"产业化"关键技术研究，提高武汉市房屋建筑整体品质。

（12）内蒙古自治区

内蒙古自治区积极示范推广装配式住宅，加快现代建筑业产业化升级，促进建设领域可持续发展。目前，在建的国内最大的钢结构住宅小区——包头万郡大都城住宅项目全部采用钢框架组成的抗侧力体系，建立了从设计、生产、施工到管理全部实现工业化、标准化和产业化生产的现代化钢结构住宅建筑产品。把装配式建筑技术作为推进建筑产业化的主要形式，正在积极推广钢结构建筑结构体系。

日前，由乌海市申报的"国家住宅产业化综合试点城市"通过了国家住建部住宅产业化促进中心专家组的评审，标志着该市成为国家住宅产业化综合试点城市。据了解，目前全国仅有 7 个城市获得"试点城市"资格，而西部地区只有乌海市获得。

（13）辽宁省

国家住建部发布的《"十二五"绿色建筑发展规划》提出，我国北方地区要实现 4 亿m² 建筑的节能改造。大连市全面推广应用污水源热泵、光伏建筑一体化等新技术，并通过加装楼体保温层、改造供热管网等措施，力争在"十二五"期间实现建筑节能 65％的目标。

为扩大现代建筑产业工程建设规模，拓展应用领域，沈阳市政府办公厅要求全市新开工的市政工程、地铁工程以及配套基础设施建设工程等政府投资项目，全面采用装配式建筑技术和产品。通知提出，市和各区县新建的保障房项目，必须采用装配式建筑方式建设。同时，对于三环内和特定区域内符合条件的土地，在成交确认书中将明确其采用现代建筑产业化方式（装配式建筑和全装修）的建设要求。

1.6 装配式混凝土结构的技术路线和发展思路

1.6.1 技术路线

（1）管理的简约化和标准化

预制建筑体系的发展应适应我国各地建筑功能和性能要求，遵循标准化设计、模数协调、构件工厂化加工制作、专业化施工安装的指导原则，确立预制混凝土工程的专业施工资质管理地位，纠正我国目前预制工程设计、制作、施工环节的交叉重叠管理和重复取费等做法。

（2）提高质量和控制成本

通过稳定原材料质量和供应、采用高性能外加剂和掺合料、优化混凝土配合比及降低水泥用量等综合措施，提高混凝土预制件的质量。采用高效预应力钢材和高强度钢筋，取代目前的低强度钢筋提高钢材利用效率，减少浪费，降低成本。

（3）提高生产效率，丰富产品内容

应制订认证管理办法，采用机械化水平较高、具有一定规模的专业预制工厂取代目前无质量保证且分散的小厂，鼓励预制工厂采用先进的生产工艺和流水线，提高生产效率和产品质量，完善运输安装过程服务；实现节能减排和清洁生产；鼓励发展大跨度预应力混凝土梁板类构件、高质量多功能要求的外墙挂板、叠合梁板类构件、清水混凝土构件、装饰混凝土构件等产品。

1.6.2 发展思路

（1）专业一体化管理

应认识到我国的建筑工业化是一个漫长的发展过程，必须贯彻从易到难、从低到高、从点到面的实施原则，重点研究构件、构造、连接节点、结构整体性等关键技术以及设计施工专业一体化等要求，确立从试验研究到试点工程设计、制作、施工、安装专业一体化的管理思想。

（2）技术和标准服务的跟进

当务之急是要通过国家行业主管部门组织国内骨干企业开展基础研究和标准规范编制工作，落实预制建筑通用结构体系的基本设计施工要求和控制要点。建立和培育一批专业公司开展预制混凝土工程的设计施工管理，积极开发预制建筑施工的配套材料和施工机具，以促进各种专用预制结构体系发展。

（3）产品的多样化和标准化

考虑到装配式混凝土建筑可高度集成的特点，预制构件应充分体现建筑设计的功能、性能等各项要求，预制建筑可将外墙的保温、装饰等要求集成为保温装饰一体化的墙板，保持预制建筑的多样化和标准化协调统一。

高标准、严要求、专业化等是装配式建筑实施的关键，要对预制构件的制作和施工提出较严格的技术要求和质量标准。未来的装配式混凝土建筑也必须避免走过去技术经济性较差、式样单一的老路。

第 2 章 装配式混凝土结构设计

本章学习要点：

理解装配式混凝土结构建筑设计及结构设计基本规定，掌握装配整体式框架结构、剪力墙结构的分析设计方法，掌握外挂墙板的设计方法。

2.1 概述

装配式混凝土结构，是指由预制混凝土构件通过可靠的连接方式装配而成的混凝土结构，包括装配整体式混凝土结构、全装配混凝土结构等。在建筑工程中，简称装配式建筑；在结构工程中，简称装配式结构。装配整体式混凝土结构是指由预制混凝土构件通过可靠的连接方式进行连接并与现场后浇混凝土、水泥基灌浆料形成整体的装配式混凝土结构，简称装配整体式结构。

本章主要讲述了装配整体式框架结构和剪力墙结构的性能、设计原则、节点的连接方式，并介绍了装配式结构中预制混凝土外墙挂板的设计及其节点的设计要求。同时还介绍了装配式混凝土结构体系的拆分技术以及 BIM 软件在结构设计中的深化，并以设计实例的方式让学习者掌握整个设计流程。

2.2 装配式混凝土建筑设计及结构设计基本规定

2.2.1 建筑设计中的要点

装配式混凝土建筑设计应符合建筑功能和性能要求，符合可持续发展和绿色环保的设计原则，利用各种可靠的连接方式装配预制混凝土构件，并宜采用主体结构、装修和设备管线的装配化集成技术，综合协调给水排水、燃气、供暖、通风和空气调节设施、照明供电等设备系统空间设计，考虑安全运行和维修管理等要求。

2.2.2 适用范围

建筑设计中有标准化程度高的建筑类型，如住宅、学校教学楼、幼儿园、医院、办公楼等；也有标准化程度低的建筑类型，如剧院、体育场馆、博物馆等。装配式混凝土建筑对建筑的标准化程度要求相对较高，这样同种规格的预制构件才能最大化地被利用，带来更好的经济效益。因此，宜选用体型较为规整大空间的平面布局，合理布置承重墙及管井的位置。此外，预制建筑体系的发展应适应我国各地建筑功能和性能要求，遵循标准化设计、模数协调、构件工厂化加工制作。

2.2.3 建筑模数协调

建筑设计应符合现行国家标准《建筑模数协调标准》GB/T 50002 的规定。采用系统性的建筑设计方法，满足构件和部品标准化、通用化要求。建筑结构形式宜简单、规整，设计应合理，满足建筑使用的舒适性和适应性要求。建筑的外墙围护结构以及楼梯、阳台、内隔墙、空调板、管道井等配套构件、室内装修材料宜采用工业化、标准化的部件部品。建筑体型和平面布置应符合《建筑抗震设计规范》GB 50011 关于安全性及抗震性等相关要求。

（1）模数化

在建筑设计中，模数的概念是指选定的尺寸单位，作为尺度协调中的增值单位。我国实现建筑产业现代化实际上是标准化、工业化和集约化的过程。没有标准化，就没有真正意义上的工业化；而没有系统的模数化的尺寸协调，就不可能实现标准化。

装配式建筑设计应按照建筑模数化要求，采用基本模数或扩大模数的设计方法，建筑设计的模数协调应满足建筑结构体、构件以及部品的整体协调，应优化构件及部品的尺寸与种类，并确定各构件和部品的尺寸位置和边界条件，满足设计、生产与安装等要求。

遵循模数协调原则，可以保证房屋建设过程中，在功能、质量、技术和经济等方面，促进房屋建设从粗放型生产转化为集约型的社会化协作生产。这里是两层含义，一是尺寸和安装位置各自的模数协调，二是尺寸与安装位置之间的模数协调。

模数化适用于一般民用与工业建筑，适用于建筑设计中的建筑、结构、设备、电气等工种技术文件及它们之间的尺寸协调原则，以协调各工种之间的尺寸配合，保证模数化部件和设备的应用。同时，也适用于确定建筑中所采用的建筑部件或分部件（如设备、固定家具、装饰制品等）需要协调的尺寸，以提供制定建筑中各种部件、设备的尺寸协调的原则方法，指导编制建筑各功能部位的分项标准，如：厨房、卫生间、隔墙、门窗、楼梯等专项模数协调标准，以制定各种分部件的尺寸、协调关系。

这样可以把各个预制的部件规格化、通用化，使部件可适用于常规的建筑，并能满足各种需求。该部件就可以进行大量定型的规模化生产，稳定质量，降低成本。通用部件使部件具有互换能力，互换时不受其材料、外形或生产方式的影响，可促进市场的竞争和部件生产水平的提高，适合工业化大生产，简化现场作业。部件的互换性有各种各样的内容，包括：年限互换、材料互换、式样互换、安装互换等，实现部件互换的主要条件是确定部件的尺寸和边界条件，使安装部位和被安装部位达到尺寸间的配合。涉及年限互换主要指因为功能和使用要求发生改变，要对空间进行改造利用，或者某些部件已经达到使用年限，需要用新的部件进行更换。建筑的模数协调工作涉及各行各业，涉及的部件种类很多，因此，需要各方面共同遵守各项协调原则，制定各种部件或分部件的协调尺寸和约束条件。

部件的尺寸对部件的安装有着重要的意义。在指定领域中，部件基准面之间的距离，可采用标志尺寸、制作尺寸和实际尺寸来表示，对应着部件的基准面、制作面和实际面。部件预先假设的制作完毕后的面，称为制作面，部件实际制作完成的面称为实际面。

（2）功能模块

模块化是工业体系的设计方法，是标准化形式的一种。模块是构成系统的单元，也是一种能够独立存在的由一组零件组装而成的部件级单元。它可以组合成一个系统，也可以作为一个单元从系统中拆卸、取出和更替。

装配式建筑平面与空间设计宜采用模块化方法，可在模数协调的基础上以建筑单元或套型等为单位进行设计。设计宜结合功能需求，优先选用大空间布置方式；应满足工业化生产的要求，平面宜简单规整；宜将设备空间集中布置，应结合功能和管线要求合理确定管道井的位置。设备管线的布置应集中紧凑、合理使用空间。竖向管线等宜集中设置，集中管井宜设置在共用空间部位。模块化设计原理的基础就是建筑的功能分区，在功能分区的基础上进行模块设计。如框架建筑的功能属性不同势必产生不同形式的功能分区，进而产生不同的模块形态和整体建筑形态。

建筑工业化中的标准模块主要包括楼梯、卫生间、楼板、墙板、管井、使用空间等。模块化设计能够将预制产品进行成系列的设计，形成鲜明的套系感和空间特征，使之具有系列化、标准化、模数化和多样化的特点。利于设计作品的后期衍生品系列化开发；标准化的组件，使得产品可以进行高效率的流水生产，节省开发和生产成本；各模块间存在着特定的模数化的数字关系，可以组合成需要的多样化的形态模式。各个模块之间具有通用关系，模块单体在不同的情况下可能充当不同的角色，形成不同套系的部品、部件以至标准房型等。系列化的建筑部品是同一系列的产品，具有相同功能、相同原理方案、基本相同的加工工艺的特点。不同尺寸的一组部品系列产品之间相应尺寸参数、性能指标应具有一定的相似比性，重复越多对工业化的批量生产越有利，同时也越能大幅降低成本。

（3）集成化设计

集成化设计就是装配式建筑应按照建筑、结构、设备和内装一体化设计原则，并应以集成化的建筑体系和构件部品为基础进行综合设计。建筑内装设计与建筑结构、机电设备系统形成有机配合，是形成高性能品质建筑的关键，而在装配式建筑中还应充分考虑装配式结构的特点，利用信息化技术手段实现各专业间的协同配合设计。

装配式建筑应通过集成化设计实现集成技术应用，如建筑结构与部品部件装配集成技术，建筑结构与机电设备一体化设计，采用管线与结构分离等系统集成技术、机电设备管线系统采用集中布置，管线及点位预留、预埋到位的集成化技术等。装配式建筑集成化设计有利于技术系统的整合优化，有利于施工建造工法的相互衔接，有利于提高生产效率、建筑质量和性能。

当前，传统建筑内装方式不仅对建筑结构体造成破坏，并成为装配式建筑的发展瓶颈。采用建筑内装体、管线设备与建筑结构体分离的方式已成为提高建筑寿命、保障建筑的品质和产品灵活适应性的有效途径。装配式建筑应从建筑工业化生产方式出发，结合工业化建造的产业链特征，做好建筑设计、构件生产、装配施工、运营维护等综合性集成化设计。

建筑信息模型技术是装配式建筑建造过程的重要手段，通过信息数据平台管理系统将设计、生产、施工、物流和运营管理等各环节连接为一体化管理，共享信息数据、资源协同、组织决策管理系统，对提高工程建设各阶段、各专业之间协同配合、效率和质量，以及一体化管理水平具有重要作用。

目前，在装配式建筑的前期策划中，可使用 BIM 软件进行建模，以确保构件及部品信息的正确性和完整性，有利于装配式建筑全过程的精确设计。通过使用BIM技术，既可以为方案设计提供各种建筑性能分析，如日照分析、风环境分析、采光分析、噪声分析、温度分析、景观可视度分析等，也有利于装配集成技术选择与确定，结合BIM应用，对建筑中主体构件与部品的拆分，提高构件和部品的标准性、通用性，并合理控制建设成本等。在扩初设计和施工图设计中，BIM数据模型可保证数据的收集和计算，从而得出准确的预制率，最终通过模型生成的图纸能确保其图纸的正确性。在构件加工阶段，BIM信息传递的准确性和实效性使得构件达到精确生产。现场安装中，BIM可以模拟施工过程，起到指导施工、控制施工进度的作用。在后期运营维护中，BIM信息数据支持可降低运维成本。

2.2.4 结构设计基本规定

装配式结构的平面布置宜符合下列规定：平面形状宜简单、规则、对称，质量、刚度分布宜均匀；不应采用严重不规则的平面布置；平面长度不宜过长（图 2-1），长宽比（L/B）宜按表 2-1 采用；平面突出部分的长度 l 不宜过大、宽度 b 不宜过小（图 2-1），l/B_{max}、l/b 宜按表 2-1 采用；平面不宜采用角部重叠或细腰形平面布置。

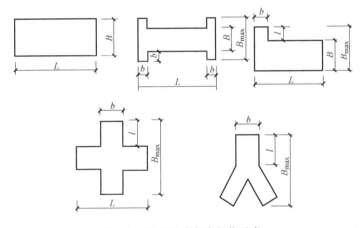

图 2-1 平面尺寸突出部位示意

平面尺寸及突出部位尺寸的比值限值   表 2-1

抗震设防烈度	L/B	l/B_{max}	l/b
6、7 度	≤6.0	≤0.35	≤2.0
8 度	≤5.0	≤0.30	≤1.5

装配式结构竖向布置应连续、均匀，应避免抗侧力结构的侧向刚度和承载力沿竖向突变，并应符合现行国家标准《建筑抗震设计规范》GB 5011—2010 的有关规定。

抗震设计的高层装配整体式结构，当其房屋高度、规则性、结构类型等超过上述规定或者抗震设防标准有特殊要求时，可按现行行业标准《高层建筑混凝土结构技术规程》JGJ 3—2010 的有关规定进行结构抗震性能设计。

装配式结构构件及节点应进行承载能力极限状态及正常使用极限状态设计，并应符合现行国家标准《混凝土结构设计规范》GB 50010—2010、《建筑抗震设计规范》GB

50011—2010 和《混凝土结构工程施工规范》GB 50666—2011 等的有关规定。

抗震设计时，构件及节点的承载力抗震调整系数 γ_{RE} 应按表 2-2 采用；当仅考虑竖向地震作用组合时，承载力抗震调整系数 γ_{RE} 应取 1.0。预埋件锚筋截面计算的承载力抗震调整系数 γ_{RE} 应为 1.0。

构件及节点承载力抗震调整系数 γ_{RE}　　　　表 2-2

结构构件类别	正截面承载力计算					斜截面承载力计算	受冲切承载力计算、接缝受剪承载力计算
	受弯构件	偏心受压构件		偏心受拉构件	剪力墙	各类构件及框架节点	
		轴压比小于 0.15	轴压比不小于 0.15				
γ_{RE}	0.75	0.75	0.8	0.8	0.85	0.85	0.85

预制构件节点及接缝处后浇混凝土强度等级不应低于预制构件的混凝土强度等级；多层剪力墙结构中墙板水平接缝用砂浆材料的强度等级值应大于被连接构件的混凝土强度等级值。预埋件和连接件等外露金属件应按不同环境类别进行封闭或防腐、防锈、防火处理，并应符合耐久性要求。

在各种设计状况下，装配式整体式结构可采用与现浇混凝土结构相同的方法进行结构分析。当同一层内既有预制又有现浇抗侧力构件时，地震设计状况下宜对现浇抗侧力构件在地震作用下的弯矩和剪力进行适当放大。装配式整体结构承载能力极限状态及正常使用极限状态的作用效应分析可采用弹性方法。在结构内力与位移计算时，对现浇楼盖和叠合楼盖，均可假定楼盖在其自身平面内为无限刚性；楼面梁的刚度可计入翼缘作用予以增大。

2.3　装配整体式框架结构设计

2.3.1　结构设计中的一般规定

部分或全部的框架梁、柱采用预制构件，通过可靠的方式进行连接并与现场后浇混凝土、水泥基灌浆料形成整体的框架结构，称为装配整体式框架结构体系（图 2-2）。根据预制构件的种类，该体系又可分为以下两种类型：（1）预制柱＋叠合梁＋叠合板；（2）现浇柱＋叠合梁＋叠合板。

框架沿高度方向各层平面柱网尺寸宜相同，框架柱宜上下对齐，尽量避免因楼层某些框架柱取消而形成竖向不规则框架，如因建筑功能需要造成不规则时，应根据不规则程度采取加强措施，如加厚楼板、增加边梁配筋等。

框架柱截面尺寸宜沿高度方向由大到小均匀变化，混凝土强度等级宜和柱截面尺寸错开楼层变化，以使结构侧向刚度均匀变化。同时应尽可能使框架柱截面中心对齐，或上下柱仅有较小的偏心。结构设计时首先必须遵循强柱弱梁、强剪弱弯、强节点弱构件等原则。

根据《建筑抗震设计规范》GB 50011—2010、《高层建筑混凝土结构技术规程》JGJ

图 2-2 装配式框架结构体系（左），预制框架叠合梁（右）

3—2010 和《装配式混凝土结构技术规程》JGJ 1—2014 的规定，装配式混凝土框架结构房屋的最大适用高度见表 2-3。丙类装配整体式框架结构的抗震等级应按表 2-4 确定。

装配整体式框架结构最大适用高度   表 2-3

结构类型	非抗震设计	抗震设防烈度			
		6 度	7 度	8 度(0.2g)	8 度(0.3g)
装配整体式框架结构	70	60	50	40	30

装配整体式框架结构抗震设防等级   表 2-4

结构类型		抗震设防烈度					
		6 度		7 度		8 度	
装配整体式框架结构	高度(m)	≤60	>60	≤24	>24	≤24	>24
	框架	四	三	三	二	二	一
	大跨度框架①	三		二		一	

① 大跨度框架指跨度不小于 18m 的框架。

高层装配整体式框架结构宜设置地下室，地下室宜采用现浇混凝土；框架结构首层柱宜采用现浇混凝土，顶层宜采用现浇楼盖结构。带转换层的装配整体式框架结构当采用部分框支剪力墙结构时，底部框支层不宜超过 2 层，且框支层及相邻上一层应采用现浇结构。

2.3.2 结构整体计算分析

装配整体式框架结构钢筋混凝土是为了适应大工业化生产方式的要求，虽然采用预制构件和现场装配施工为主的生产方式，但是总体上不改变建筑的结构形式，因此，装配整体式结构房屋的整体设计计算方法，可以参考国家现行结构设计规范，套用现行的设计计算方法，受力性能等同于现浇结构房屋。当同一层内既有预制又有现浇抗侧力构件时，地震设计状况下宜对现浇抗侧力构件在地震作用下的弯矩和剪力进行适当放大。装配整体式框架结构承载能力极限状态及正常使用极限状态的作用效应分析可采用弹性方法。按弹性方法计算的风荷载或多遇地震标准值作用下的楼层层间最大位移 Δu 与层高 h 之比的限值宜按 1/550 采用。在结构内力与位移计算时，对现浇楼盖和叠合楼盖，均可假定楼盖在其自身平面内为无限刚性；楼面梁的刚度可计入翼缘作用予以增大；梁刚度增大系数可根据翼缘情况近似取为 1.3～2.0。

2.3.3 深化设计

框架结构的深化设计是将整栋建筑的各个部品拆分成独立单元，包括墙、板、柱、梁、楼梯等预制构件，然后通过现场局部浇筑将各个独立的构件形成可靠的连接，最终形成装配整体式框架建筑，其中图纸部分包括下述内容。

图纸设计说明提供 PC 构件的构造做法、连接措施与灌浆料的性能指标，指导现场安装过程中注意的事项，提供生产误差控制标准。节点详图、埋件大样图见图 2-3，提供详细的节点设计数据，包括窗口的防水做法、吊环的形式，预制构件中线管与现浇段线管的连接方式、构件吊装与现场安装吊装的埋件设置等。

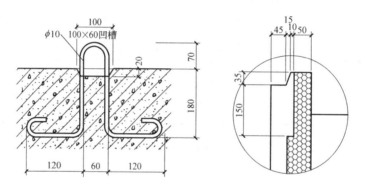

图 2-3　埋件大样图（左），节点详图（右）

平面切分图通过不同的填充方式使预制构件与现浇节点清晰分辨。提供构件编号、安装方向、支撑方向，为现场提供可靠的数据支持，防止出现现场构件安装错误等现象发生。楼板拟切分包括叠合板接缝位置、搭接长度、水电预埋位置等。

预制构件模板图包含构件外形尺寸、构造措施、企口形式、粗糙面做法、吊环位置、连接件位置、无外架施工预留孔位置等，并包含梁柱所有预留预埋配件表。

配筋图见图 2-4，含构件中的钢筋尺寸、数量、重量、套筒的数量型号等，生产过程中直接通过此表进行下料提料，生产工人可直接按此图进行钢筋笼的绑扎。整体拆分方案能确保设计准确性与生产施工可行性并存。拆分设计可以将设计、生产及钢筋加工信息化，相关数据可以一对一模式进行分析并应用到生产、运输、安装和结算上。

预制混凝土框架结构的施工阶段验算是预制构件设计的重要内容之一，有时甚至会成为构件配筋设计的决定性因素。验算包括预制构件的脱模、堆放、运输、吊装、叠合构件二次受力等环节最不利施工荷载工况验算，应根据实际情况考虑适当的动力系数，验算方法参考《混凝土结构工程施工规范》GB 50666，该部分工作应在构件深化设计时完成。

2.3.4 节点连接与设计

装配整体式框架结构及装配整体式框架-现浇剪力墙结构中的框架部分，梁柱宜全部

钢筋明细表					
编号	数量	规格	钢筋尺寸(mm)	单根重量(kg)	备注
①	10		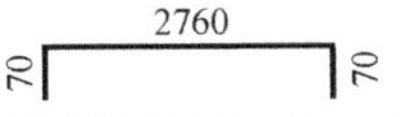 70 ⎿ 2760 ⏌ 70	3.51	墙柱纵筋1
②	4		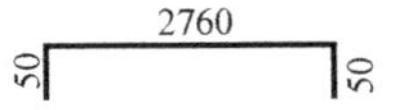 50 ⎿ 2760 ⏌ 50	1.76	墙板纵筋1
③	22		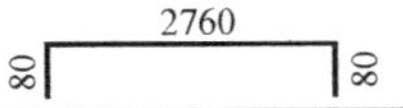 80 ⎿ 2760 ⏌ 80	4.61	墙柱纵筋2
④	28		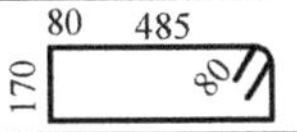 170 80 485 80	0.64	墙板柱箍筋1

图 2-4　配筋图所附钢筋明细表

预制，节点及接缝按照等同现浇结构要求，并采用与现浇结构相同的整体分析方法。装配整体式框架结构中，当房屋高度不大于 12m 或层数不超过 3 层时，可采用套筒灌浆、浆锚搭接、焊接等连接方式；当房屋高度大于 12m 或层数超过 3 层时，预制柱的纵向钢筋应采用套筒灌浆连接。装配整体式框架结构中，预制柱水平接缝处不宜出现拉力。

对一、二、三级抗震等级的装配整体式框架，应进行梁柱节点核心区抗震受剪承载力验算；对四级抗震等级可不进行验算，梁柱节点核心区抗震受剪承载力验算和构造应符合现行国家标准《混凝土结构设计规范》GB 500100—2010 和《建筑抗震设计规范》GB 50011—2010 中的有关规定。

叠合梁端竖向接缝的受剪承载力设计值应按照下列公式计算：

持久设计状况

$$V_u = 0.07 f_c A_{cl} + 0.10 f_c A_k + 1.65 A_{sd} \sqrt{f_c f_y} \tag{2-1}$$

地震设计状况

$$V_u = 0.04 f_c A_{cl} + 0.06 f_c A_k + 1.65 A_{sd} \sqrt{f_c f_y} \tag{2-2}$$

式中　A_{cl}——叠合梁端截面后浇混凝土叠合层截面面积；

f_c——预制构件混凝土轴心抗压强度设计值；

f_y——垂直穿过结合面钢筋抗拉强度设计值；

A_k——各键槽的根部截面面积之和，见图 2-5，按后浇键槽根部截面和预制键槽根部截面分别计算，并取二者的较小值；

A_{sd}——垂直穿过结合面所有钢筋的面积，包括叠合层内的纵向钢筋。

在地震设计状况下，预制柱底水平接缝的受剪承载力设计值应按下列公式计算：

当预制柱受压时：

$$V_{uE} = 0.8N + 1.65 A_{sd} \sqrt{f_c f_y} \tag{2-3}$$

当预制柱受拉时：

$$V_{uE} = 1.65 A_{sd} \sqrt{f_c f_y \left[1 - \left(\frac{N}{A_{sd} f_y} \right) \right]} \tag{2-4}$$

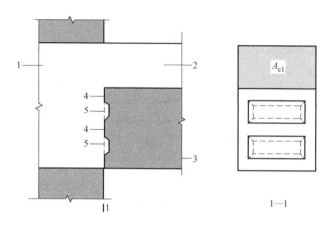

图 2-5 叠合梁端受剪承载力计算参数示意图

1—后浇节点区；2—后浇混凝土叠合层；3—预制梁；4—预制件槽根部截面；5—后浇键槽根部截面

式中 f_c——预制构件混凝土轴心抗压强度设计值；

      f_y——垂直穿过结合面钢筋抗拉强度设计值；

      N——与剪力设计值 V 相应的垂直于结合面的轴向力设计值，取绝对值进行计算；

     A_{sd}——垂直穿过结合面所有钢筋的面积；

  V_{uE}——地震设计状况下接缝受剪承载力设计值。

试验研究表明，预制柱的水平接缝处，受剪承载力受柱轴力影响较大。当柱受拉时，水平接缝的抗剪能力较差，易发生接缝的滑移错动。因此，在整体结构布置时，应通过合理的结构布局，避免柱的水平接缝出现拉力。

由于装配式结构连接节点数量多且构造复杂，节点的构造措施及制作安装的质量对结构的整体抗震性能影响较大，因此需重点针对预制构件的连接节点进行设计。

2.3.4.1 预制柱节点连接

目前常用的预制柱节点连接包括：（1）浆锚连接；（2）套筒灌浆连接；（3）榫式连接；（4）插入式连接等。其中，套筒灌浆连接为最常用连接方法。

预制柱采用灌浆套筒连接，连接套筒采用球墨铸铁制作；套筒内水泥基灌浆料采用无收缩砂浆；预制柱底设 20mm 厚水平缝；柱的纵筋只有一种规格（25mm），采用长320mm、外径64mm 的灌浆套筒，钢筋插入口的宽口直径47mm，窄口直径31mm，现场插入端允许偏差±20mm。通常套筒区箍筋应加强，套筒内至少放置 5 组规定箍筋，除套筒的头尾第一箍须尽量向外放置外，其余均匀布置。出套筒外柱主筋最靠近套筒的第一组箍筋须紧靠套筒放置，图 2-6 为预制柱节点连接示意图。

预制柱受力钢筋的套筒灌浆连接接头应采用同一供应商配套提供并由专业工厂生产的灌浆套筒和灌浆料，其性能应满足现行行业标准《钢筋套筒灌浆连接应用技术规程》JGJ 355 中相关技术要求，并应满足国家现行相关标准的要求。预制柱中钢筋接头处套筒外侧箍筋的混凝土保护层厚度不小于 20mm，因此计算中框架柱的混凝土保护层厚度应按实际取值。套筒之间的净距不小于 25mm（柱纵向钢筋的净间距要求不小于 50mm），同时考虑到减少套筒数量，钢筋适当采用较大直径。

当柱纵筋采用套筒灌浆连接时，套筒连接区域柱截面刚度及承载力较大，但根据预制柱采用灌浆套筒连接的试验结果，柱的塑性铰区可能会上移到套筒区域以上，因此规范要求应将套筒连接区域以上500mm高度区域内箍筋加密，如图2-7所示。

预制柱底部应有键槽。键槽应均匀布置，键槽深度不宜小于30mm，键槽端部鞋面倾角不宜大于30°。键槽的形式应考虑到灌浆填缝时气体排出的问题，应采取可靠且经过实践检验的施工方法，保证柱底接缝灌浆的密实性，后浇节点上表面设置粗糙面，增加与灌浆层的粘结力与摩擦系数，粗糙面凹凸深度不应小于6mm，如图2-7所示。

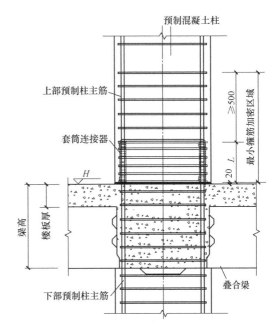

图 2-6　预制柱节点连接

2.3.4.2　预制梁柱节点连接

框架梁-柱节点采用现浇形式，梁下部纵筋采用弯折锚固形式，钢筋交错分布，钢筋弯折要求同现浇节点，如图2-8所示。这种节点的优点是：梁柱构件外形简单，制作和吊装方便，节点整体性好，节点核心区的箍筋可采用预制焊接骨架或用螺旋箍筋，梁吊装后即可放入，便于施工又能满足抗震箍筋的要求；梁底纵筋深入柱内后采用搭接或焊接，保证了梁下部钢筋的可靠锚固。

在整浇式框架节点中，梁钢筋在节点中锚固及连接方式是决定施工可行性以及节点受力性能的关键。梁、柱构件尽量采用较粗直径、较大间距的钢筋布置方式，节点区的主梁钢筋较少，有利于节点的装配施工，保证施工质量。设计过程中，应充分考虑到施工装配的可行性，合理确定梁、柱截面尺寸及钢筋的数量、间距及位置等。对框架中间层端节点，当柱截面尺寸不满足梁纵向受力钢筋的直线锚固要求时，宜采用锚固板锚固，也可采用90°弯折锚固，如图2-8所示。

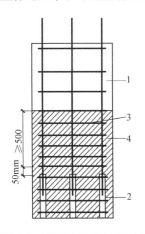

图 2-7　预制柱箍筋加密要求
1—预制柱；2—柱钢筋连接；
3—加密区箍筋；4—箍筋加密区

设计，如图2-9所示。

2.3.4.3　预制叠合楼板连接

叠合板可根据预制板接缝构造、支座构造、长宽比按单向板或双向板设计。当预制板之间采用分离式接缝时，宜按单向板设计。对长宽比不大于3的四边支承叠合板，当其预制板之间采用整体式接缝或无接缝时，可按双向板

装配整体式框架结构中，当采用叠合梁时，框架梁的后浇混凝土叠合层厚度不宜小于150mm，如图2-10（a）所示，次梁的后浇混凝土叠合层厚度不宜小于120mm；当采用凹口截面预制梁时，如图2-10（b）所示，凹口深度不宜小于50mm，凹口边厚度不宜小于

23

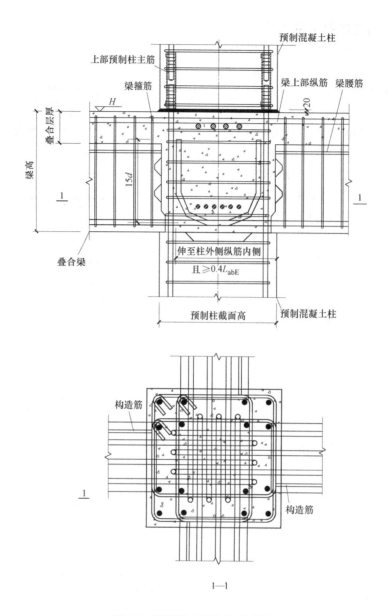

图 2-8　预制叠合梁与柱的连接

60mm。抗震等级为一、二级的框架叠合梁的梁端箍筋加密区宜采用整体封闭箍筋；采用组合封闭箍筋的形式时，开口箍筋上方应做成135°弯钩；非抗震设计时，弯钩端头平直段长度不应小于5d（d为箍筋直径）；抗震设计时，平直段长度不应小于10d。现场应采用箍筋帽封闭开口箍，箍筋帽末端应做成135°弯钩；非抗震设计时，弯钩端头平直段长度不应小于5d；抗震设计时，平直段长度不应小于10d。

2.3.5　设计实例

2.3.5.1　工程概况

上海中建虹桥生态商务商业社区项目售楼处，位于青浦区，蟠中路及蟠详路交叉口

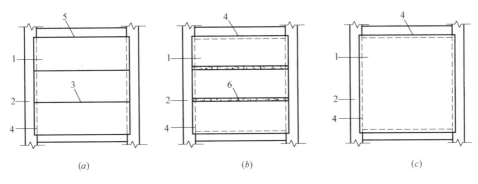

图 2-9　预制叠合板形式

(a) 单向预制叠合板；(b) 带拼缝的双向预制叠合板；(c) 整块双向预制叠合板

1—预制叠合板；2—梁或墙；3 板侧分离式拼缝；4—板端支座；5—板侧支座；6—板侧整体式拼缝

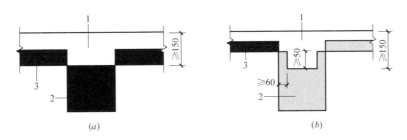

图 2-10　合框架梁截面示意图

(a) 矩形截面预制梁；(b) 凹口截面预制梁

1—后浇混凝土叠合层；2—预制梁；3—预制板

处，为上海中建虹桥生态商务商业社区项目配套的售楼中心。本建筑在外观造型上设计成现代简约的特色，整体造型为一个极简的长方形盒子，选用了亚光深色金属外饰面，建筑窗格呈矩形阵列。建筑面积 1103m²，建筑尺寸 36.0m×16.2m，建筑高度 8.95m，框架结构，条形基础，大跨部分为预应力结构，采用预制装配整体式方法建造，预制装配率约61.5%。项目的效果图及平面图如图 2-11～图 2-13 所示。

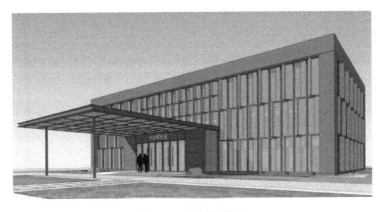

图 2-11　项目效果图

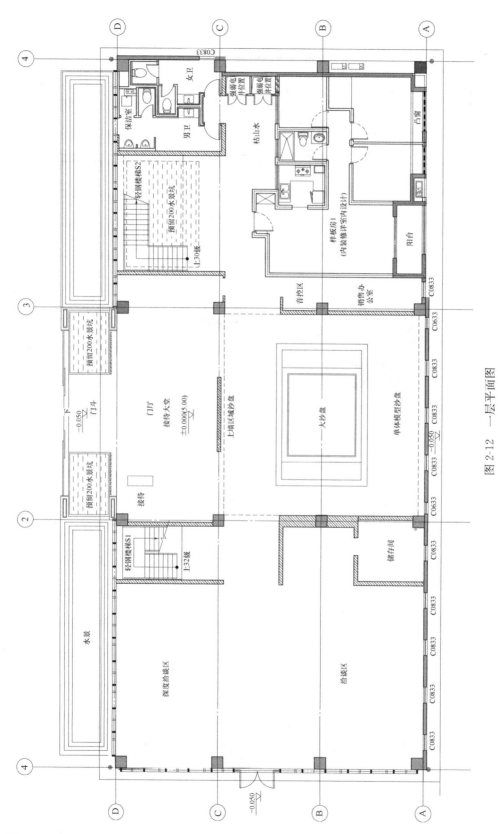

图 2-12 一层平面图

26

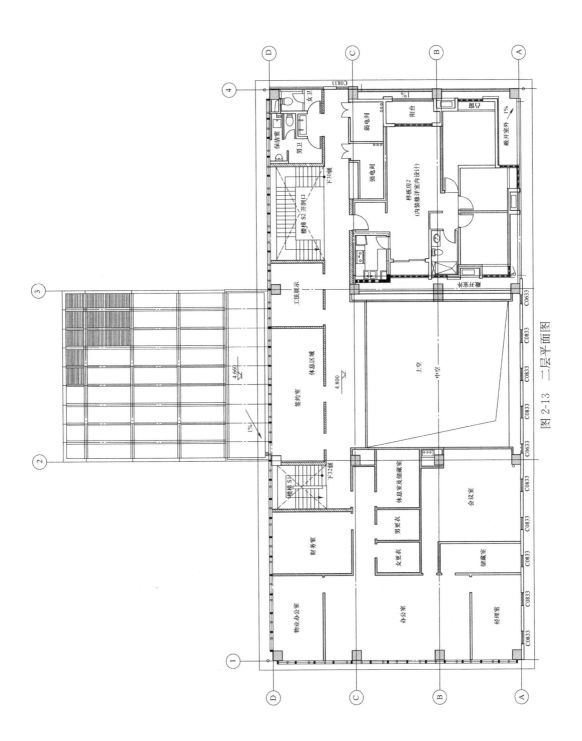

图 2-13 二层平面图

结构地下部分为条形基础。地上部分，两层框架，一层层高 4.8m，二层层高 4.2m，横向跨度为 12.6m、10.8m、12.6m，纵向跨度 3×5.4m。±0.000 以下部分采用现浇，±0.000 以上部分最大化地采用预制，主要的预制构件有预制框架节段柱、预制叠合梁、预制叠合板。

预制框架柱采用节段柱，减少了套筒灌浆连接，能一次吊装就位。梁柱的连接采用现浇节点，为避免吊装时梁柱主筋碰撞，简化节点内钢筋，框架梁钢筋的连接在梁端加密区之外。柱与基础的连接采用套筒灌浆连接。

建筑空间要求较高，梁高受到限制，另一方面，楼面样板房外墙采用砖墙砌体，活荷较大。综合考虑，采用后张法有粘结预应力预制梁，梁高 800mm。在梁柱节点及楼板叠合层浇捣完成，强度达到设计强度的 90％以上时进行张拉。主次梁的连接采用主梁预制挑耳支托的方式。

整个项目的预制装配率为 61％，详见表 2-5，结构的实物模型如图 2-14 所示。

预装配制率表 表 2-5

层号	层数	预制混凝土体积（m³）			现浇混凝土体积（m³）		
		柱	梁	板	柱	梁	板
1	1	23.2	35.0	28.5	4.7	21.4	24.9
2	1	19.6	48.4	39.3	4.6	14.0	34.4
合计	2	42.8	83.4	67.8	9.3	35.4	59.3
预制装配率	65.1％						

图 2-14　结构实物模型

2.3.5.2　结构构件

本工程柱全高约 9.0m，2 层，现采用节段柱技术，即 1 层与 2 层柱同时预制，现浇部分与预制柱采用灌浆套筒连接，中间节点现浇，该方法可以将柱一次吊放到位，且减少一次灌浆套筒的连接过程，可大大节省工期及劳动力，如图 2-15 所示。图 2-16 示意了柱

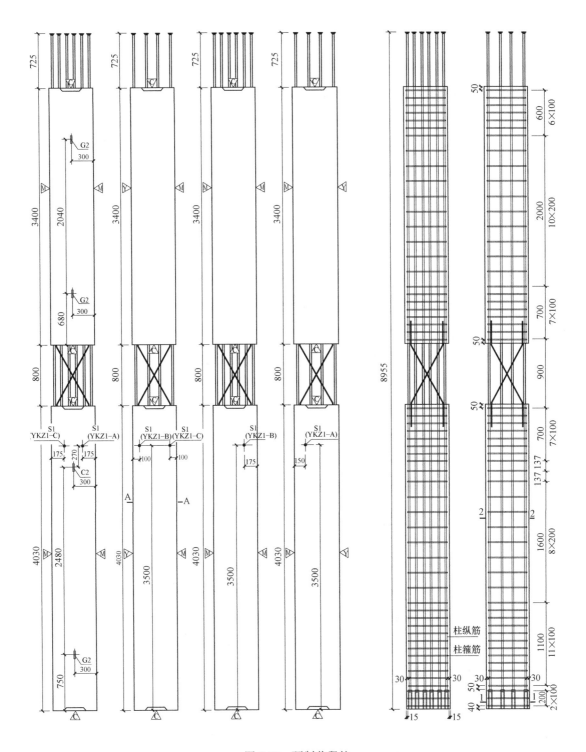

图 2-15　预制节段柱

底与现浇结构连接的节点连接。

　　本项目要求内部大空间，大跨尺寸 12.0m，为保证建筑净高，结合预应力技术，减小

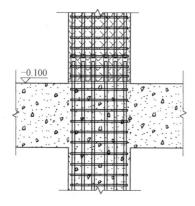

图 2-16　柱底节点

梁截面。该工程为预制装配式技术与预应力技术首次在工程中结合使用，同时对该种结构形式及节点进行了相关抗震试验，试验结果良好，性能上可以等同于现浇结构。

本项目地上部分所有梁均采用预制叠合梁（含预应力梁），由预制梁和现浇钢筋混凝土层叠合而成，叠合梁预制部分可作为现浇部分的模板，预应力梁预埋波纹管位置见图 2-17，预制叠合梁示意见图 2-18。叠合梁不仅可以等同于现浇受弯构件，同时还节约了传统现浇梁支模对木材的消耗，仅需在梁底设置可重复使用的钢支撑，提高了建筑耗材使用周转次数，缩短了施工周期，

保障了施工的质量和精度。

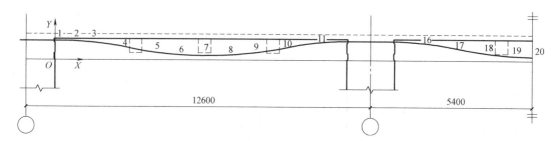

图 2-17　预应力梁波纹管位置

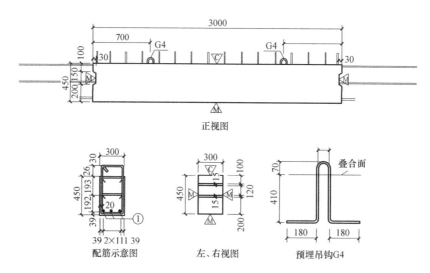

图 2-18　预制叠合梁

本工程二层框架梁与框架柱如图 2-19 所示，采取节点现浇，梁段作叠合梁的形式，在节点区域，梁靠近框架边钢筋弯折。由于柱纵筋较密，为避免梁钢筋在节点区错筋，导致与柱纵筋冲突，无法施工，选定钢筋端支座使用螺栓锚头，中支座使用套筒挤压钢筋连接。

叠合楼板是由预制板和现浇钢筋混凝土层叠合而成，预制板作为现浇钢筋混凝土层的模板，见图 2-21。叠合板按照双向受力模型进行设计，不仅整体刚度更好，承载力更高；

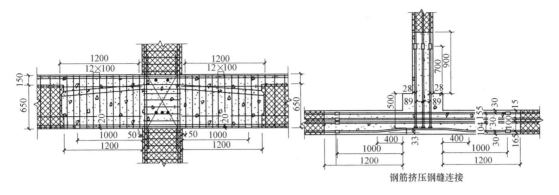

图 2-19　二层梁柱节点

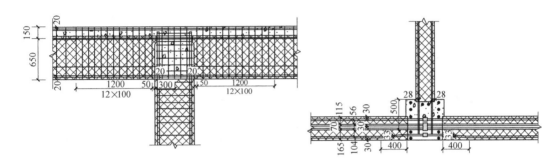

图 2-20　屋面层梁柱节点

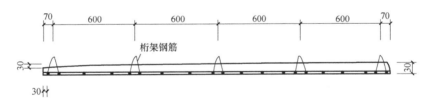

图 2-21　预制叠合板

而且最大程度节约了传统楼板木模的使用，改良了楼板支模的施工工艺，缩短了施工周期，改善了施工环境，提高了施工的质量和精度。本工程屋面亦采用叠合楼板。

2.3.5.3　结构构件计算内容

本工程属于预应力混凝土装配整体式框架结构，依据《预制预应力混凝土装配整体式框架结构技术规程》JGJ 224—2010 第 4.1.5 节，同时参考《高层建筑混凝土结构技术规程》JGJ 3—2010 第 5.2.3 节，结构整体计算时，叠合式框架梁端的弯矩调幅系数取 0.75，现浇框架梁端弯矩调幅系数一般取 0.85。当有次梁与主梁相交时，次梁搁置于主梁侧边挑出的牛腿上，结构整体计算时，次梁两端点铰。楼板采用单向叠合板，板侧为分离式拼缝，结构计算时，单向叠合楼板导荷方式设置为对边传导。

本工程叠合梁、叠合板施工，下方均支设架体，可不对构件进行无支撑叠合板二阶段验算，仅对节段柱进行吊装验算。主要内容为：混凝土拉应力验算、柱侧吊钩设计、柱翻身验算、节段柱竖起后钢筋稳定性验算、柱顶吊钩设计、临时支撑验算。

2.4 装配整体式剪力墙结构设计

2.4.1 结构设计中的一般规定

部分或全部剪力墙采用预制墙板通过可靠的方式进行连接并与现场后浇混凝土、水泥基灌浆料形成整体的剪力墙结构，称为装配整体式剪力墙结构体系。

装配整体式剪力墙结构和装配整体式部分框支剪力墙结构，在规定的水平力作用下，当预制剪力墙构件底部承担的总剪力大于该层总剪力的50%时，其最大适用高度应适当降低；当预制剪力墙构件底部承担的总剪力大于该层总剪力的80%时，最大适用高度应取表2-6中括号内的数值。

装配整体式剪力墙结构构件的抗震设计，应根据设防类别、烈度、结构类型和房屋高度采用不同的抗震等级，并应符合相应的计算和构造措施要求。丙类装配整体式剪力墙结构的抗震等级应按表2-7确定。乙类装配整体式结构应按本地区抗震设防烈度提高一度的要求加强其抗震措施；当本地区抗震设防烈度为8度且抗震等级为一级时，应采取比一级更高的抗震措施；当建筑场地为Ⅰ类时，仍可按本地区抗震设防烈度的要求采取抗震构造措施。

装配整体式剪力墙结构最大适用高度　　表2-6

结构类型	非抗震设计	抗震设防烈度			
		6度	7度	8度(0.2g)	8度(0.3g)
装配整体式框架-现浇剪力墙结构	150	130	120	110	80
装配整体式剪力墙结构	140(130)	130(120)	110(100)	90(80)	70(60)
装配整体式部分框支剪力墙结构	120(110)	110(100)	90(80)	70(60)	40(30)

装配整体式剪力墙结构抗震设防等级　　表2-7

结构类型		抗震设防烈度						
		6度		7度			8度		
		≤60	>60	≤24	>24且≤60	>60	≤24	>24且≤60	>60
装配整体式框架-现浇剪力墙结构	高度(m)	≤60	>60	≤24	>24且≤60	>60	≤24	>24且≤60	>60
	框架	四	三	四	三	二	三	二	一
	剪力墙	三	二	三	二	二	二	二	一
装配整体式剪力墙结构	高度(m)	≤70	>70	≤24	>24且≤70	>70	≤24	>24且≤70	>70
	剪力墙	四	三	四	三	二	三	二	一
装配整体式部分框支剪力墙结构	高度	≤70	>70	≤24	>24且≤70	>70	≤24	>24且≤70	
	现浇框支框架	二		二		一	一		
	底部加强部位剪力墙	三	二	三	二	一	二	一	
	其他区域剪力墙	四	三	四	三	二	三	二	

高层装配整体式剪力墙结构宜设置地下室，地下室宜采用现浇混凝土；剪力墙结构底部加强部位的剪力墙宜采用现浇混凝土。带转换层的装配整体式剪力墙结构中转换梁、转换柱宜现浇。

抗震设计时，对同一层内既有现浇墙肢也有预制墙肢的装配整体式剪力墙结构，现浇墙肢水平地震作用弯矩、剪力宜乘以不小于 1.1 的增大系数。装配整体式剪力墙结构的布置应沿两个方向布置，剪力墙的截面宜简单、规则；预制墙的门窗洞口宜上下对齐、成列布置。抗震设防烈度为 8 度时，高层装配整体式剪力墙结构中的电梯井筒宜采用现浇混凝土结构。

2.4.2 结构整体计算分析

在各种设计状况下，装配整体式结构可采用与现浇混凝土结构相同的方法进行结构分析。当同一层内既有预制又有现浇抗侧力构件时，地震设计状况下宜对现浇抗侧力构件在地震作用下的弯矩和剪力进行适当放大。装配整体式剪力墙结构承载能力极限状态及正常使用极限状态的作用效应分析可采用弹性方法。按弹性方法计算的风荷载或多遇地震标准值作用下的楼层层间最大位移 Δu 与层高 h 之比的限值宜按表 2-8 采用。

按弹性方法计算的风荷载或多遇地震标准值作用下 $\Delta u/h$ 限值　　　　表 2-8

结 构 类 型	$\Delta u/h$ 限值
装配整体式框架-现浇剪力墙结构	1/800
装配整体式剪力墙结构、装配整体式部分框支剪力墙结构	1/1000
多层装配式剪力墙结构	1/1200

在结构内力与位移计算时，对现浇楼盖和叠合楼盖，均可假定楼盖在其自身平面内为无限刚性；楼面梁的刚度可计入翼缘作用予以增大；梁刚度增大系数可根据翼缘情况近似取为 1.3～2.0。抗震设计时，对同一层内既有现浇墙肢也有预制墙肢的装配整体式剪力墙结构，现浇墙肢水平地震作用弯矩、剪力宜乘以不小于 1.1 的增大系数。

2.4.3 深化设计

装配整体式深化设计理念是指，在建筑方案及施工图设计阶段介入，应充分考虑装配式住宅特点，尽量做到建筑模数化、构件标准化，从而提高工作效率，降低工程成本。在装配图设计之前，需对建筑、结构、水暖、电气、设备、装修等各专业施工图纸综合研究，并结合预制构件的生产制作和安装施工等各方面因素，制定最优方案。

在装配图设计过程中，应对复杂部位建立三维模型，方便后期设计施工各工序打下良好的基础。安装平面设计应在方案制定完成后，将各专业预留预埋处在装配平面图中表达清楚，且应明确给出定位、大小规格、用途，方便后期构件加工图的绘制。

装配图设计中，关键节点连接构造设计包括外墙节点连接构造、内墙节点连接构造、叠合楼板节点连接构造等。装配整体式剪力墙结构的深化设计是在常规建筑设计的基础上增加对 PC 技术的延伸设计。构件拆分指的是预制混凝土构件的深化设计，也是在建筑结构图纸上的二次设计，是综合考虑工程结构特点、建筑结构图及开发商要求，出具拆分设计图纸的工作，主要包括构件拆分深化设计说明、项目工程平面拆分图、项目工程拼装节点详图、项目工程墙身构造详图、项目工程量清单明细、构件结构详图、构件细部节点详图、构件吊装详图、构件预埋件埋设详图等。

与常规建筑相比，PC 建筑设计深度前移，在设计阶段较常规建筑增加两个阶段，分为：PC 专项策划阶段、方案设计阶段、初步设计阶段、施工图设计阶段、构件图设计阶段。工业化建筑的设计，要考虑同步、一体化的设计过程，设计的合理性、经济性受生产、运输、施工等环节的制约和影响；工业化建筑在设计阶段完成前，所有部品、构件的设计文件都已深化设计完成，设计还会对其多种样品、详细报价进行比较、选择，工业化项目的 PC 构件拆分以设计图纸作为制作、生产依据，设计的合理性直接影响项目的成本。

在各种设计状况下，装配整体式结构可采用与现浇混凝土结构相同的方法进行结构分析，当同一层内既有预制又有现浇抗侧力构件时，地震设计状况下宜对现浇抗侧力构件在地震作用下的弯矩和剪力进行适当放大。保证预制构件与现浇混凝土的可靠连接，可靠连接不仅包含钢筋的连接处理还包括新老混凝土结合面的连接处理，并使预制构件的受力与传力简单明确，前期方案的成熟考虑会使后期项目进程更加顺利。

在装配式建筑构件拆分设计阶段，应协调建设、设计、制造、施工各方之间的关系，并应加强建筑、结构、设备、装修等专业之间的配合。设备的预埋、生产模具的摊销、构件的吊装、塔吊的附着、构件的运输、构件与外架的连接、放线测量孔的预留等设计、生产、施工问题也需要在项目前期方案阶段进行考虑。例如，设备管线在构件中的预埋问题，并不是构件中的预埋管线越多就对工程越有利，需要综合分析，对构件制作和施工都有困难的构件不宜预制。在满足建筑相关规范的前提下，应在方案阶段综合考虑项目概况及造价成本，选择合适的装配式设计方案，才能体现装配式建筑的真正意义。

2.4.4 节点连接与设计

装配整体式剪力墙结构预制墙板的连接构造，按墙体所在位置，可分为预制内墙板间的水平连接、预制外墙板间的水平连接、预制内墙板间的竖向连接以及预制外墙板间的竖向连接。

（1）墙体水平连接

对于约束边缘构件，位于墙肢端部的通常与墙板一起预制；纵横墙交接部位一般存在接缝，阴影区域宜全部后浇，纵向钢筋主要配置在后浇段内，且在后浇段内应配置封闭箍筋及拉筋，预制墙中的水平分布钢筋在后浇段内锚固。预制的约束边缘构件的配筋构造要求与现浇结构一致。

墙肢端部的构造边缘构件通常全部预制。当采用 L 形、T 形或者 U 形墙板时，拐角处的构造边缘构件也可全部在预制剪力墙中。当采用一字形时，纵横墙交接处的构造边缘构件可全部后浇；为了满足构件的设计要求或施工方便也可部分后浇部分预制。当构造边缘构件部分后浇部分预制时，需要合理布置预制构件及后浇段中的钢筋，使边缘构件内形成封闭箍筋。非边缘构件区域，剪力墙拼接位置，剪力墙水平钢筋在后浇段内可采用锚环的形式锚固，两侧伸出的锚环宜相互搭接。

一字形预制墙板进行 L 形、T 形拼接时，其约束边缘、构造边缘需现浇拼接。而对于一字形预制墙板端部、L 形和 T 形预制墙板边缘构件通常与预制墙板一起预制，但边缘构件竖向连接需采用套筒灌浆或浆锚连接。对边缘构件部分现浇部分预制，需合理布置预制构件及后浇构件中的钢筋使边缘构件中的箍筋在预制构件与现浇构件中形成完整的封闭箍，非边缘构件位置相邻的预制剪力墙段需设后浇段进行连接。

楼层内相邻预制剪力墙之间应采用整体式接缝连接，且应符合下列规定：

① 当接缝位于纵横墙交接处的约束边缘构件区域时，约束边缘构件的阴影区域，如

图 2-22 所示，宜全部采用后浇混凝土，并应在后浇段内设置封闭箍筋。

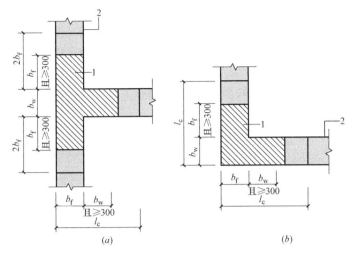

图 2-22 约束边缘构件阴影区域全部后浇
(a) 有翼墙；(b) 转角墙
1—后浇段；2—预制剪力墙

② 当接缝位于纵横墙交接处的构造边缘构件区域时，构造边缘构件宜全部采用后浇混凝土，见图 2-23；当仅在一面墙上设置后浇段时，后浇段的长度不宜小于 300mm，见图 2-24。

③ 边缘构件内的配筋及构造要求应符合现行国家标准《建筑抗震设计规范》GB 50011 的有关规定；预制剪力墙的水平分布钢筋在后浇段内的锚固、连接应符合现行国家标准《混凝土结构设计规范》GB 50010 的有关规定。

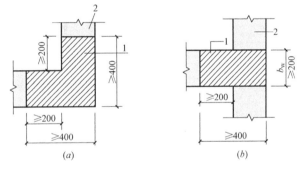

图 2-23 构造边缘构件阴影区域全部后浇
(a) 转角墙；(b) 有翼墙
1—后浇段；2—预制剪力墙

④ 非边缘构件位置，相邻预制剪力墙之间应设置后浇段，后浇段的宽度不应小于墙厚且不宜小于 200mm；后浇段内应设置不少于 4 根竖向钢筋，钢筋直径不应小于墙体竖向分布筋直径且不应小于 8mm；两侧墙体的水平分布筋在后浇段内的锚固、连接应符合现行国家标准《混凝土结构设计规范》GB 50010 的有关规定。

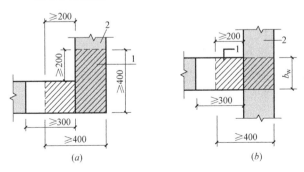

图 2-24 构造边缘构件阴影区域部分后浇
(a) 转角墙；(b) 有翼墙
1—后浇段；2—预制剪力墙

(2) 墙体竖向连接

预制剪力墙底部接缝宜设置在楼面标高处，预制剪力墙竖向钢筋一般采用套筒灌浆或浆锚搭接连接，在灌浆时宜采用灌浆料将水平接缝同时灌满。灌浆料强度较高且流动性好，有利于保证接缝承载力，后浇混凝土上表面应设置粗糙面。灌浆时，预制剪力墙构件下表面与楼面之间的缝隙周围可采用封边砂浆进行封堵和分仓，以保证水平接缝中灌浆料填充饱满。

上下层预制剪力墙的竖向钢筋，当采用套筒灌浆连接和浆锚搭接连接时，应符合下列规定：

① 边缘构件竖向钢筋应逐根连接。

② 预制剪力墙的竖向分布钢筋，当仅部分连接时，如图 2-25 所示，被连接的同侧钢筋间距不应大于 600mm，且在剪力墙构件承载力设计和分布钢筋配筋率计算中不得计入不连接的分布钢筋；不连接的竖向分布钢筋直径不应小于 6mm。

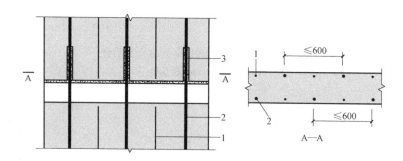

图 2-25　预制剪力墙竖向分布钢筋连接构造示意
1—不连接的竖向分布钢筋；2—连接的竖向分布钢筋；3—连接接头

③ 一级抗震等级剪力墙以及二、三级抗震等级底部加强部位，剪力墙的边缘构件竖向钢筋宜采用套筒灌浆连接。

在抗震设计状况下，剪力墙水平接缝的受剪承载力设计值应按下式计算：

$$V_u = 0.6 f_y A_{sd} + 0.8N \tag{2-5}$$

式中　f_y——垂直穿过结合面的钢筋抗拉强度设计值；

　　　N——与剪力设计值 V 相应的垂直于结合面的轴向力设计值，压力时取正，拉力时取负；

　　　A_{sd}——垂直穿过结合面的抗剪钢筋面积。

从以上公式可以看出，当出现拉力时，将严重削弱剪力墙水平接缝承载力，因此剪力墙应采取合理的结构布置、适宜的高宽比，避免墙肢出现较大的拉力。最后还须按以下公式复核剪力墙底部加强部位的接缝"强连接"。

$$\eta_j V_{mua} \leqslant V_{uE} \tag{2-6}$$

式中　V_{uE}——地震设计状况下加强区接缝受剪承载力设计值；

　　　V_{mua}——被连接构件端部按实配钢筋面积计算的斜截面受剪承载力设计值；

　　　η_j——接缝受剪承载力增大系数，抗震等级为一、二级取 1.2，抗震等级为三、四级取 1.1。

（3）墙梁连接

封闭连续的后浇钢筋混凝土圈梁，是保证结构整体性和稳定性，连接楼盖结构与预制剪力墙的关键构件，应在楼层收进及屋面处设置，见图2-26，并应符合下列规定：

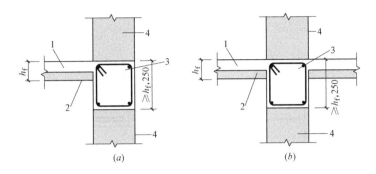

图 2-26　后浇钢筋混凝土圈梁构造示意
1—后浇混凝土叠合层；2—预制板；3—后浇圈梁；4—预制剪力墙

① 圈梁截面宽度不应小于剪力墙的厚度，截面高度不宜小于楼板厚度及 250mm 的较大值；圈梁应与现浇或者叠合楼、屋盖浇筑成整体。

② 圈梁内配置的纵向钢筋不应少于 4Φ12，且按全截面计算的配筋率不应小于 0.5％和水平分布筋配筋率的较大值，纵向钢筋竖向间距不应大于 200mm；箍筋间距不应大于200mm，且直径不应小于 8mm。

在不设置圈梁的楼面处，水平后浇带及在其内设置的纵向钢筋也可起到保证结构整体性和稳定性、连接楼盖结构与预制剪力墙的作用。因此，各层楼面位置，预制剪力墙顶部无后浇圈梁时，应设置连续的水平后浇带，如图2-27所示；水平后浇带应符合下列规定：

① 水平后浇带宽度应取剪力墙的厚度，高度不应小于楼板厚度；水平后浇带应与现浇或者叠合楼、屋盖浇筑成整体。

② 水平后浇带内应配置不少于 2 根连续纵向钢筋，其直径不宜小于 12mm。

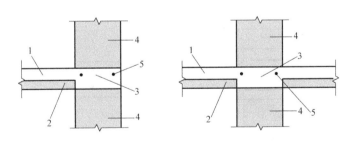

图 2-27　水平后浇带构造示意
1—后浇混凝土叠合层；2—预制板；3—水平后浇带；4—预制墙板；5—纵向钢筋

楼面梁不宜与预制剪力墙在剪力墙平面外单侧连接；当楼面梁与剪力墙在平面外单侧连接时，宜采用铰接。当预制叠合连梁端部与预制剪力墙在平面内拼接时，接缝构造应符合下列规定：

① 当墙端边缘构件采用后浇混凝土时，连梁纵向钢筋应在后浇段中可靠锚固（图

2-28a) 或连接（图 2-28b）；

② 当预制剪力墙端部上角预留局部后浇节点区时，连梁的纵向钢筋应在局部后浇节点区内可靠锚固（图 2-28c）或连接（图 2-28d）。

采用后浇连梁时，宜在墙端伸出纵向钢筋，并与后浇连梁纵向钢筋可靠连接，见图 2-29。

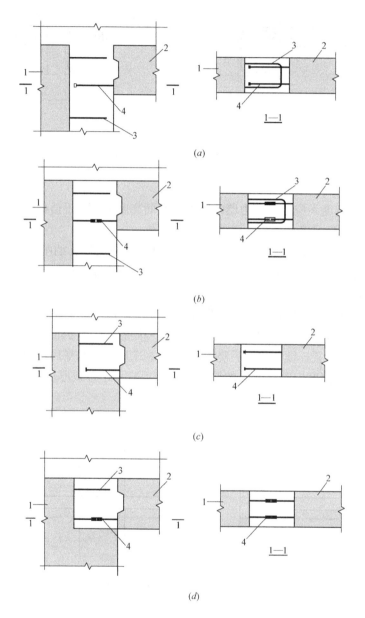

图 2-28 同一平面内预制连梁与预制剪力墙连接构造示意

（a）预制连梁钢筋在后浇段内锚固构造示意；（b）预制连梁钢筋在后浇段内与预制剪力墙预留钢筋连接构造示意；

（c）预制连梁钢筋在预制剪力墙局部后浇节点区内锚固构造示意；

（d）预制连梁钢筋在预制剪力墙局部后浇节点区内与墙板预留钢筋连接构造示意

1—预制剪力墙；2—预制连梁；3—边缘构件箍筋；4—连梁下部纵向受力钢筋锚固或连接

当预制剪力墙洞口下方有墙时，宜将洞口下墙作为单独的连梁进行设计，如图 2-30 所示。

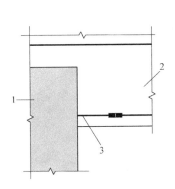

图 2-29　后浇连梁与预制剪力墙
连接构造示意
1—预制墙板；2—后浇连梁；
3—预制剪力墙伸出纵向受力钢筋

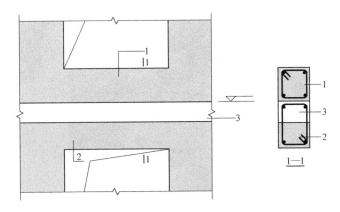

图 2-30　预制剪力墙洞口下墙与叠合连梁的关系示意
1—洞口下墙；2—预制连梁；3—后浇圈梁或水平后浇带

当需要洞口下墙参与计算时，洞口下墙设置纵筋与箍筋作为单独连梁设计，下方的后浇混凝土与预制连梁形成叠合连梁，在程序中可设计为双连梁予以实现。当计算中不需要窗下墙时，可采用轻质填充墙或采用混凝土墙但与结构主体采用柔性材料隔离，在计算中可仅作为荷载，洞口下墙与下方的后浇混凝土及预制连梁之间不连接，墙内设置水平构造钢筋作为窗下墙的面筋，竖向设置构造分布短筋。

2.4.5　设计实例

项目地块位于上海市虹口区江扬南路与安汾路十字东南角，是宝山、闸北、虹口三区的交汇点，东至凉城路，南至虹湾路，西至江扬南路，北至安汾路。总建筑面积 367080.81m²，其中 3 号、4 号、5 号、6 号、11 号、12 号、13 号单体做预制装配式建筑，其地上计容建筑面积合计为 123539.59m²，装配式建筑实施比例 50.6%，单体预制率 30%，项目效果图如图 2-31 所示。主要预制构件包括：预制剪力墙、叠合楼板、预制空调板、预制楼梯等，设计、构件生产、施工一体化。

根据建筑使用功能，及地块内装配式建筑面积和预制率的要求，以上单体结构体系均采用装配整体式剪力墙结构体系。底部加强区部位采用全现浇剪力墙结构，电梯间等主抗侧力体系采用现浇剪力墙施工，底部加强区以上部位，外墙和部分内墙采用预制剪力墙；同时，部分砌筑外墙采用预制外墙。

对于 3 号楼、4 号楼、5 号楼，2 层～35 层楼面采用钢筋混凝土叠合板，屋面层楼面现浇施工；对于 6 号楼，2 层～34 层楼面采用钢筋混凝土叠合板，屋面层楼面现浇施工；对于 11 号楼，2 层～31 层楼面采用钢筋混凝土叠合板，屋面层楼面现浇施工；对于 12 号楼，2 层～30 层楼面采用钢筋混凝土叠合板，屋面层楼面现浇施工；对于 13 号楼，2 层～27 层楼面采用钢筋混凝土叠合板，屋面层楼面现浇施工。

图 2-31　项目效果图

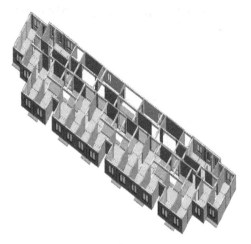

图 2-32　构件拆分图

针对本项目房型，从结构专业角度出发，同时考虑框架-剪力墙体系框架柱、梁在室内外露对户内空间使用及美观存在较大影响，本项目采用装配整体式剪力墙结构，构件拆分图如图 2-32 所示。

本项目用地指标中规定，单体预制率应≥30％；根据上海市政府文件规定，外墙预制面积应≥50％；同时，结合市场情况及以往经验，外墙预制较内墙预制更有成本优势（外墙预制可免搭设外脚手架，减少成本投入；内墙现浇可通过定型模板施工，保证施工质量和效率，预制并无太大优势），因此，优先选择外墙预制，并选择部分内墙，同时做叠合楼板、预制楼梯、预制空调板都水平构件，按单体预制率进行控制设计，预制构件范围如下：

A.《装配式混凝土结构技术规程》JGJ 1—2014 中规定装配整体式剪力墙结构 7 度区的适用高度为 110m，且 6.1.8 条规定，剪力墙结构底部加强部位的剪力墙宜采用现浇混凝土。部分单体，建筑高度已接近适用限值，因此，底部加强区部位剪力墙均采用全现浇剪力墙结构，部分砌筑外墙采用预制外墙（非承重）；底部加强区以上部位，外墙采用预制构件（电梯间等主抗侧力构件采用现浇剪力墙施工），内墙部分采用预制构件，部分砌筑外墙采用预制外墙（非承重）。其中 3～5 号四栋单体为 35 层，预制剪力墙自第 5 层起始；6 号楼单体为 34 层，预制剪力墙自第 5 层起始；11 号楼单体为 31 层，12 号楼单体为 30 层，预制剪力墙自第 5 层起始；13 号楼单体为 27 层，预制剪力墙自第 4 层起始。

B. 对于 3～5 号楼，2 层～35 层楼面采用钢筋混凝土叠合板，屋面层楼面现浇施工；对于 6 号楼，2 层～34 层楼面采用钢筋混凝土叠合板，屋面层楼面现浇施工；对于 11 号楼，2 层～31 层楼面采用钢筋混凝土叠合板，屋面层楼面现浇施工；对于 12 号楼，2 层～30 层楼面采用钢筋混凝土叠合板，屋面层楼面现浇施工；对于 13 号楼，2 层～27 层楼面采用钢筋混凝土叠合板，屋面层楼面现浇施工。叠合楼板设计为 80mm＋70mm，其中预制叠合楼板 80mm，设计为双向叠合楼板。

C. 楼梯梯段预制。

D. 空调板预制。

对于 34 层、35 层单体，单体结构高度接近规范限值，控制其预制剪力墙底部承担的总剪力小于该层总剪力的 50%；对于 30 层及以下单体，控制其预制剪力墙底部承担的总剪力小于该层总剪力的 80%。对同一层内既有预制墙又有现浇墙的装配式剪力墙结构，现浇墙肢的水平地震作用弯矩和剪力乘 1.1 的放大系数。

预制剪力墙的水平钢筋连接采用在现浇段内搭接锚固，边缘构件位置采用现浇方法施工。墙体连接节点如图 2-33 所示，预制剪力墙竖向钢筋连接采用灌浆套筒，水平钢筋在套筒及套筒上方 300mm 范围内加密。预制剪力墙的顶面、侧面、底面按照规范要求留设键槽、粗糙面与现浇混凝土连接，加强结构整体性。叠合板连接节点如图 2-34 所示。预制楼梯上端采用固定铰支座与梯梁连接，如图 2-35（a）所示，预制楼梯下端采用滑动铰支座与梯梁连接，如图 2-35（b）所示。

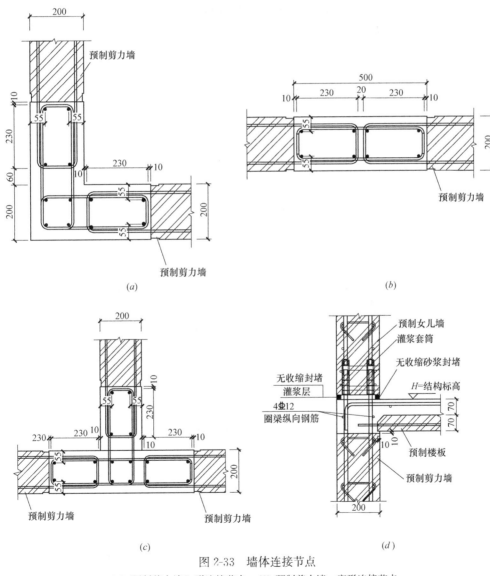

图 2-33　墙体连接节点

（a）预制剪力墙 L 形连接节点；（b）预制剪力墙一字形连接节点；

（c）预制剪力墙 T 字形连接节点；（d）预制剪力墙竖向连接节点

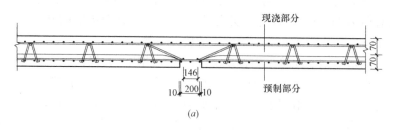

(a)

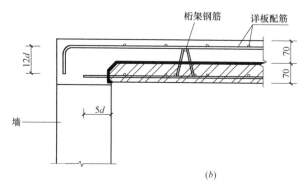

(b)

图 2-34 叠合板连接节点

(a) 叠合板拼缝节点连接方式；(b) 双向板板端连接节点

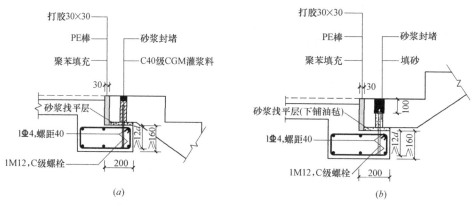

图 2-35 楼梯连接节点

(a) 固定铰安装节点图；(b) 滑动铰安装节点图

2.5 外墙挂板设计

安装在主体结构上，起围护和装饰作用的非承重预制混凝土外墙板，简称"外墙挂板"。预制混凝土外挂板利用混凝土的可塑性强的特点，可充分表达建筑师的设计意愿，使大型公共建筑外墙具有独特的表现力。饰面混凝土外挂板采用反打成型工艺，带有装饰面层。装饰混凝土外挂板是在普通的混凝土表层，通过色彩、色调、质感、款式、纹理、肌理和不规则线条的创意设计、图案与颜色的有机组合，创造出各种天然大理石、花岗岩、砖、瓦、木等天然材料的装饰效果。清水混凝土的质朴与厚重感，充分体现了建筑古朴自然的独特风格。预制混凝土外墙挂板在工厂采用工业化生产，具有施工速度快、质量好、维修费用低的特点。根据工程需要，可设计成集外装饰、保温、墙体围护于一体的复合保温外墙挂板，也可以设计成复合墙体的外装饰挂板。预制墙板安装实景如图 2-36 所示。

预制混凝土外墙挂板与主体结构的连接宜采用柔性连接构造，保证外墙挂板在地震时能够适应主体结构的最大层间位移角。外墙挂板的最大层间位移角，当用于混凝土结构时应不小于 1/200，当用于钢结构时应不小于 1/100。目前柔性连接节点主要有弹性滑移节点及弹塑性变形节点。板与主体结构间距 30～50mm，板与板之间的接口尺寸为 15～25mm。预制墙板通过干式连接节点和混凝土框架梁连接，干式连接节点由三部分组成：（1）框架梁中预埋件及钢牛腿；（2）预制墙板预埋件；（3）带端板的销轴连接

图 2-36　预制墙板安装实景

件，如图 2-37 所示。预制混凝土外墙挂板连接构造节点按外墙挂板适应主体结构层间变位原理可分为表 2-9 所列三类。

预制挂板工艺有先挂法与后挂法之分。先挂法是在主体结构施工之前将预制挂板吊装到位并精确调节、稳固支撑后进行现浇结构施工，结构成形后挂板通过预留钢筋与现浇主体结构连接；后挂法是在主体结构完成之后将预制挂板吊装到位并进行连接，主要采用焊接、螺栓等干式连接方式与主体结构连接。

预制混凝土外墙挂板连接构造节点类型　　　　　　　　　　表 2-9

序号	变位方式	原理图	适用范围
1	转动		①整间板 ②竖条板
2	平移＋转动		整间板
3	固定		①与梁连接的横条板 ②混凝土装饰板

说明：△—自重支点；↑ ↕ ↔—滚轴；○—销栓

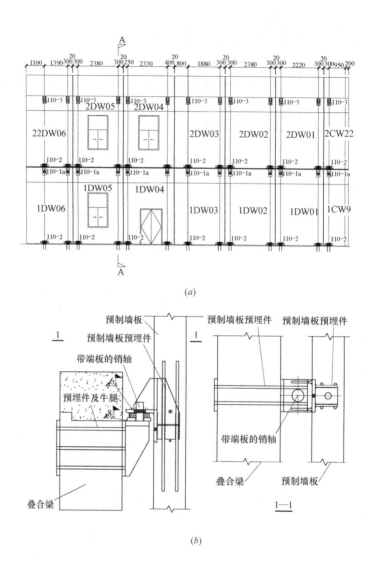

图 2-37 预制墙板与梁的连接

(a) 预制墙板与梁的连接节点示意；(b) 预制墙板与梁的连接节点详图

2.5.1 一般规定

外墙挂板应采用合理的连接节点并与主体结构可靠连接。有抗震设防要求时，外墙挂板及其与主体结构的连接节点，应进行抗震设计。外墙挂板结构分析可采用线性弹性方法，其计算简图应符合实际受力状态。对外墙挂板和连接节点进行承载力验算时，其结构重要性系数 γ_0 取值不应小于 1.0，且连接节点承载力抗震调整系数 γ_{RE} 应取 1.0。支承外墙挂板的结构构件应具有足够的承载力和刚度。外墙挂板与主体结构宜采用柔性连接。连接节点应具有足够的承载力和适应主体结构变形的能力，并应考虑采取可靠的防腐、防锈和防火措施。

2.5.2 外墙挂板设计及节点连接方式

预制混凝土外墙挂板在施工阶段的验算应考虑外挂板自重、脱模吸附力、翻板、吊装及运输等环节最不利施工荷载工况计算。预制混凝土外墙挂板及连接节点按承载力极限状态计算和按正常使用极限状态验算时，应考虑外挂板自重（含窗重）、风荷载、地震作用及温度应力等荷载作用的不利组合。

预制混凝土外墙挂板构件设计应根据《混凝结构设计规范》GB 50010—2010进行承载力极限状态计算、正常使用极限状态验算以及挂板在翻转、运输及吊装过程中构件受力的最不利工况验算。按正常使用极限状态计算时采用标准组合、准永久组合值，荷载组合系数按现行荷载规范取用，挂板挠度限值取1/200，裂缝控制等级按三级考虑，最大裂缝宽度允许值取0.2mm。

外墙挂板及主体结构上的预埋件、混凝土牛腿应根据受力工况按现行《混凝土结构设计规范》GB 50010—2010设计；连接件、钢牛腿、螺栓及焊缝应根据最不利荷载组合按现行《钢结构设计规范》GB 50017—2003进行承载力极限状态设计。

预制混凝土外墙挂板的受力主筋宜采用直径不小于8mm的热轧带肋钢筋。内、外层混凝土面板均应配置构造钢筋面网，钢筋网可采用直径5mm的冷轧带肋钢筋或冷拔钢丝焊接网，网孔尺寸宜为100～150mm。对于复合保温外墙挂板，当采用独立连接件连接内、外两层混凝土板时，宜按里层混凝土板进行承载力和变形计算；当采用钢筋桁架连接时，可按内外两层板共同承受墙面水平荷载计算其承载力和变形。

外墙挂板高度不宜大于一个层高，厚度不宜小于100mm。外墙挂板宜采用双层、双向配筋，竖向和水平钢筋的配筋率均不应小于0.15%，且钢筋直径不宜小于5mm，间距不宜大于200mm。门窗洞口周边、角部应配置加强钢筋。外墙挂板最外层钢筋的混凝土保护层厚度除有专门要求外，对石材或面砖饰面，不应小于15mm；对清水混凝土，不应小于20mm；对露骨料装饰面，应从最凹处混凝土表面计起，且不应小于20mm。

外墙挂板与主体结构采用点支承连接时，连接件的滑动孔尺寸，应根据穿孔螺栓的直径、层间位移值和施工误差等因素确定。外墙挂板间接缝的构造应满足防水、防火、隔声等建筑功能要求；接缝宽度应满足主体结构的层间位移、密封材料的变形能力、施工误差、温差引起变形等要求，且不应小于15mm。

复合板和单板的连接构造节点在满足连接件受力计算和建筑要求的情况下可以通用。连接节点中的连接件厚度不宜小于8mm，连接螺栓的直径不宜小于20mm，焊缝高度应按相关规范要求设计且不应小于5mm。

计算外挂墙板及连接节点的承载力时，荷载组合的效应设计值为，具体详见《装配式混凝土结构技术规程》JGJ 1—2014第10.2节。

$$S = \gamma_G S_{Gk} + \gamma_\omega S_{\omega k}$$
$$S = \gamma_G S_{Gk} + \varphi_\omega \gamma_\omega S_{\omega k}$$
$$S_{Eh} = \gamma_G S_{Gk} + \gamma_{Eh} S_{Ehk} + \varphi_\omega \gamma_\omega + S_{\omega k}$$
$$S_{Ev} = \gamma_G S_{Gk} + \gamma_{Ev} S_{Evk}$$

在持久设计状况、地震设计状况下，需进行外挂墙板和连接节点的承载力设计。承载力设计值取荷载组合包络值，其中，风荷载标准值：

水平地震作用标准值

$$W_k = \beta_{gz}\mu_{s1}\mu_z\omega_0$$

竖向地震作用标准值

$$F_{Ehk} = \beta_E\alpha_{max}G_k$$

$$F_{Evk} = 0.65F_{Ehk}$$

2.5.3 设计实例

深圳市职工继续教育学院新校区建设工程项目位于深圳市坪山新区，创景路以西与兰田路以南，总建筑面积80525m²。工程效果图如图2-38所示，建筑共分为13栋，除2号楼、3号楼、11号楼为高层建筑外，其余均为多层建筑，主要功能有：教学区、办公区、实验区、图书馆、宿舍楼等。主要结构形式为框架结构，最大跨度为44m，局部采用预制外挂墙板。

图2-38　工程效果图

本工程6、7、8、10号楼外墙采用预制外挂墙板（图2-39）。10号楼预制外挂墙板拆分方案如图2-40所示，外挂墙板实景如图2-41所示。

利用MIDAS对外挂墙板进行深入设计，对外墙挂板进行受力分析，随后进行配筋计算、连接件承载力验算。挂板使用期间，主要承受水平荷载为风荷载，地震工况下，主要承受水平荷载为地震荷载和风荷载，根据各个工况计算结果，取荷载组合设计包络值3.15kN/m²。

（1）选取计算模型

对于先挂法无洞口计算模型，选取EWP-08-00（尺寸最大）进行验算，其主要参数如下：

挂板厚度：150mm；挂板高度：3580mm；挂板宽度：3020mm

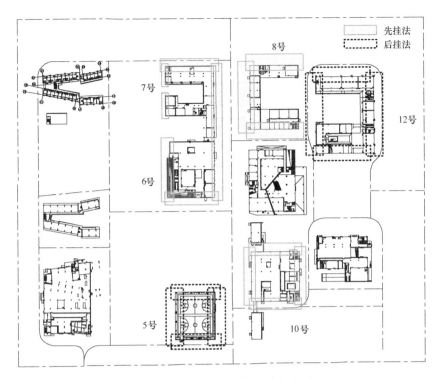

图 2-39 预制装配式外挂墙板范围

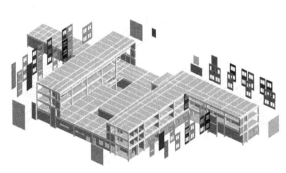

图 2-40 10号楼预制外挂墙板构件拆分

图 2-41 外挂墙板实景图

边界条件为（左端/下端/右端/上端）：自由/铰支/自由/固端

均布荷载：$q_{k1} = 3.15\text{kN/m}^2$；

计算跨度 $L_y = 3580\text{mm}$，板的厚度 $h = 150\text{mm}$（$h = L_y/24$）

混凝土强度等级为 C30，$f_c = 14.331\text{N/mm}^2$，$f_t = 1.433\text{N/mm}^2$，$f_{tk} = 2.006\text{N/mm}^2$

钢筋抗拉强度设计值 $f_y = 360\text{N/mm}^2$，$E_s = 200000\text{N/mm}^2$

纵筋的混凝土保护层厚度：板底 $c = 20\text{mm}$，板面 $c' = 20\text{mm}$

挂板尺寸及连接节点位置示意如图 2-42 所示。

（2）配筋计算

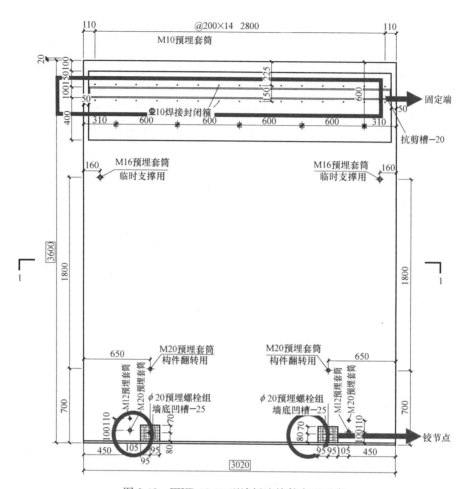

图 2-42　EWP-08-00 型墙板连接件布置示意

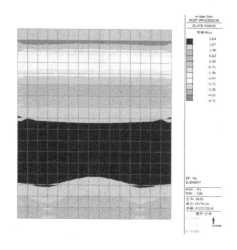

图 2-43　EWP-08-00 型挂板水平荷载作用下受力计算

如图 2-43 所示，平行于 L_y 方向的跨中弯矩 $M_y = 2.84 \text{kN} \cdot \text{m/m}$，支座弯矩 $M_y' = -5.05 \text{kN} \cdot \text{m/m}$。

相对界限受压区高度：

$$\xi_b = \beta_1 / [1 + f_y / (E_s \cdot \varepsilon_{cu})]$$
$$= 0.8 / [1 + 360 / (200000 \times 0.0033)]$$
$$= 0.5176$$

单筋矩形截面或翼缘位于受拉边的 T 形截面受弯构件受压区高度 x 按下式计算：

$$x = h_0 - [h_0^2 - 2M / (\alpha_1 \cdot f_c \cdot b)]^{0.5}$$
$$= 102.5 - [102.5^2 - 2 \times 5050000 / (1 \times 14.331 \times 1000)]^{0.5}$$
$$= 3.5 \text{mm} \leqslant \xi_b \cdot h_0 = 0.5176 \times 102.5 = 53 \text{mm}$$

$$A_s = \alpha_1 \cdot f_c \cdot b \cdot x / f_y = 1 \times 14.331 \times 1000 \times 3.5 / 360 = 139 \text{mm}^2$$

相对受压区高度 $\xi = x / h_0 = 3.5 / 102.5 = 0.0341 \leqslant 0.5176$

配筋率 $\rho = A_s / (b \cdot h_0) = 139 / (1000 \times 102.5) = 0.136\%$

最小配筋率 $\rho_{min} = \text{Max}\ \{0.20\%,\ 0.45 f_t / f_y\} = \text{Max}\ \{0.20\%,\ 0.179\%\} = 0.2\%$

$A_{s,min} = b \cdot h \cdot \rho_{min} = 300 \text{mm}^2$，实配 $\phi 10@200$（$A_s = 392.7 \text{mm}^2$），满足配筋要求。

$$\omega_{max} = \alpha_{cr} \cdot \psi \cdot \sigma_{sq} (1.9 c_s + 0.08 d_{eq} / \rho_{te}) / E_s$$
$$= 1.9 \times 0.2 \times 128.5 \times (1.9 \times 30 + 0.08 \times 10 / 0.01) / 200000$$
$$= 0.033 \text{mm} \leqslant \omega_{lim} = 0.2 \text{mm}，满足要求！$$

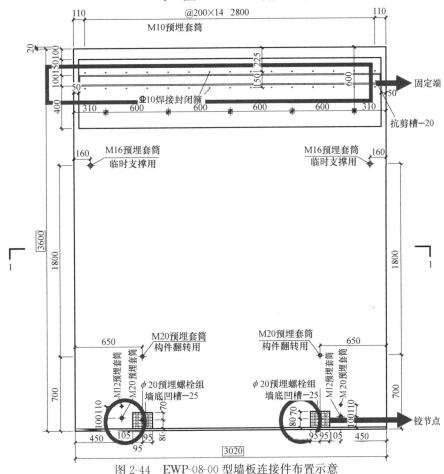

图 2-44　EWP-08-00 型墙板连接件布置示意

49

弹性挠度 $f_d = 0.5$mm，均满足设计要求！

（3）先挂法整间板体系连接节点验算

6、7、8、10 号楼采用先挂整间板，挂板使用期间，主要承受水平荷载为风荷载，地震工况下，主要承受水平荷载为地震荷载和风荷载，根据各个工况计算结果，取荷载组合设计包络值 3.15kN/m^2，考虑荷载为风吸力，即荷载作用于墙板室内面。使用 MIDAS 进行计算。挂板选取 EWP-08-00 型，宽 3020mm，高 3580mm，连接件布置位置如图 2-44 所示，连接件使用示意如图 2-45 所示。

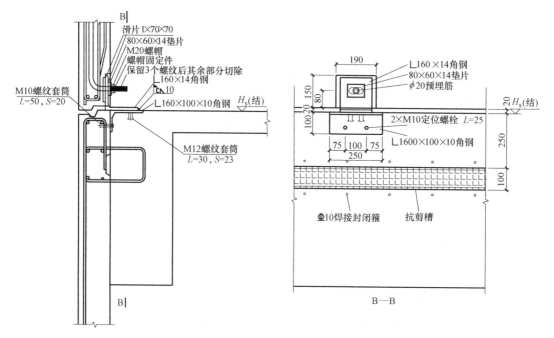

图 2-45　连接件使用示意

1）U 形筋配筋计算

由（2）配筋计算得出，挂板使用期，其上部弯矩最大值 $M'_y = -5.05$kN·m，根据《广东省装配式规程征求意见稿》，U 形筋配筋面积可由下式计算：

$A_s = M_y / (f_y d) = 93.0$mm^2，实配钢筋为 $\phi10@200$（$A_s = 392.7$），满足计算要求。其中，M_y 为弯矩最大值；f_y 为钢筋屈服强度，取为 360MPa；d 为上下连接钢筋间距。

2）抗剪槽承载力验算

计算外挂墙板结合面的受剪承载力如下：

① 持久设计状况

$$V_u = 0.07 f_c A_{c1} + 0.10 f_c A_k + 1.65 A_{sd} \sqrt{f_c f_y}$$

② 地震设计状况

$$V_u = 0.04 f_c A_{c1} + 0.06 f_c A_k + 1.65 A_{sd} \sqrt{f_c f_y}$$

式中　A_{c1}——叠合梁端截面后浇混凝土叠合层截面面积；

　　　f_c——预制构件混凝土轴心抗压强度设计值；

　　　f_y——垂直穿过结合面钢筋抗拉强度设计值；

A_k——各键槽的根部截面面积之和，按后浇键槽根部截面和预制键槽根部截面分
别计算，并取两者的较小值；

A_{sd}——垂直穿过结合面所有钢筋的面积，包括叠合层内的纵向钢筋。

以 EWP-08-00 型墙板为例，其留设抗剪槽尺寸如图 2-46 所示。

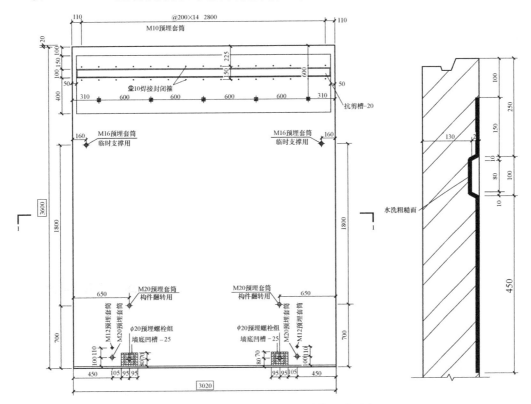

图 2-46　3020×3580 墙板抗剪槽尺寸示意

根据上述计算公式，不考虑钢筋作用，不考虑粗糙面抗剪，仅考虑键槽作用，则其受
剪承载力为：

$$V_u = \begin{cases} 0.1 \times 14.3 \times 150 \times 2920 = 616.2 \text{kN} \\ 0.06 \times 14.3 \times 150 \times 2920 = 375.8 \text{kN} \end{cases}$$

EWP-08-00 型墙板受剪设计值为：

$$V = \begin{cases} 58.02 \text{kN} \\ 58.83 \text{kN} \end{cases}$$

3）底部支座验算

墙板底部通过连接角钢将墙板预埋筋与梁顶埋件连接。其连接示意如图 2-47 所示。
水平荷载作用下墙板底部支座反力计算结果如图 2-48 所示，为 5.99kN。

① 角钢强度计算

下部支座处反力：

$$F_y = 5.99 \text{kN}$$

角钢受弯剪作用，角钢转角处所受内力为 $M_y = 0.6 \text{kN} \cdot \text{m}$，$V_y = 5.99 \text{kN}$，角钢计算

51

截面如图 2-49 所示。

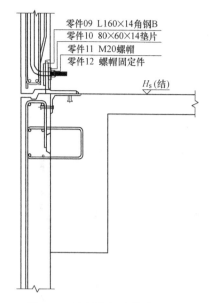

图 2-47 墙板底部连接节点示意

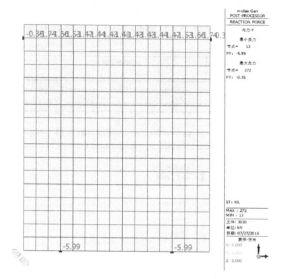

图 2-48 墙板水平荷载作用下底部支座反力

$$\sigma_{max}=\frac{0.6\times10^6\times7}{34300}=122.4\text{MPa}$$

$$\tau_{max}=\frac{5.99\times10^3\times7\times150\times3.5}{34300\times150}=4.3\text{MPa}$$

Q235 钢材设计值 215MPa，因此角钢承载力满足要求。

图 2-49 角钢计算截面示意

② 预埋筋

该处采用预埋 $\phi20$ 钢筋，其抗拉承载力设计值为：$F=\sigma A=84.82\text{kN}$。

$$\text{安全系数 } K=\frac{84.82}{5.99}=14.1$$

故预埋钢筋抗拉强度满足要求。

③ 角钢焊缝

采用三面围焊（满焊，转角处连续施焊），则横向焊缝 $l_w=140\text{mm}$，考虑起始段焊缝质量，取有效长度 120mm；竖向焊缝 $l_w=150\text{mm}$；则焊缝计算截面如图 2-50 所示。Q235 钢，焊缝强度设计值 $f_f^w=160\text{N/mm}^2$。顶部支座处反力 $F_y=5.99\text{kN}$，则焊缝所受内力为 $M_y=0.6\text{kN}\cdot\text{m}$，$V_y=5.99\text{kN}$。

焊脚尺寸：

最小 h_f：$h_f\geqslant1.5\sqrt{t}=6\text{m}$；最大 h_f：$h_f\leqslant t-(1\sim2)\text{ mm}=13\sim12\text{mm}$

采用 $h_f=10\text{mm}$，满足上述要求。

焊缝计算长度：

最小 l_w：$l_w\geqslant8h_f=80\text{mm}$ 和 $l_w\geqslant40\text{mm}$；最大 l_w：$l_w\leqslant60h_f=600\text{mm}$

横向焊缝 $l_w=140\text{mm}$，竖向焊缝 $l_w=150\text{mm}$，满足上述

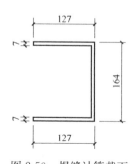

图 2-50 焊缝计算截面

要求。

强度计算：

依据《钢结构设计规范》GB 50017—2003 第 7.1.5 节，直角角焊缝强度计算如下：

焊缝应力：假设弯矩由全部焊缝承受，剪力只由竖向角焊缝承受并沿竖向角焊缝均匀分布。

$$\sigma_f = \frac{M}{W_w} \leqslant \beta_f f_f^w$$

焊缝有效截面的形心位置：距左侧水平距离 $x = 85.8\text{mm}$，$I = 4770602\ \text{mm}^4$

焊缝一端拉应力：$\sigma_{f1} = \dfrac{0.6 \times 10^6 \times 41.2}{4770602} = 5.19\text{MPa} < 195.2\text{MPa}$

焊缝另一端压应力：$\sigma_{f2} = \dfrac{0.6 \times 10^6 \times (127 - 41.2)}{4770602} = 10.80\text{MPa} < 195.2\text{MPa}$

竖向焊缝剪应力：

$$\tau_f = \frac{V}{A_{w1}} \leqslant f_f^w$$

$$\tau_f = \frac{5990}{2 \times 7 \times 127} = 3.37\text{MPa} < 160\text{MPa}$$

综合作用下，应满足：

$$\sqrt{\left(\frac{\sigma_f}{\beta_f}\right)^2 + \tau_f^2} \leqslant f_f^w$$

$$\sqrt{\left(\frac{10.80}{1.22}\right)^2 + 3.37^2} = 9.49\text{MPa} \leqslant 160\text{MPa}$$

安全系数：

$$K = \frac{160}{9.49} = 16.8$$

综上，直角角焊缝强度满足要求。

第3章　装配式混凝土结构施工技术

本章学习要点：

理解装配式混凝土结构施工的机械选型和施工场地布置原则，了解装配式结构施工控制要点，掌握装配整体式框架结构、剪力墙结构的施工技术，掌握外挂墙板的施工技术。

3.1　机械选型与施工场地布置

装配式建筑有自己特有的施工规律。与传统施工方法不同，预制构件的机械吊装是结构施工的关键部分。为了组织立体交叉、均衡有序的安装施工流水作业，需要根据建筑物设计与施工现场具体情况，合理地选用与安排建筑机械，布置施工道路与构件现场堆放等。

3.1.1　塔吊选型、垂直运输电梯

用于组装构件的机械及用具要根据各自的使用目的使其充分发挥自己的功能。对于与主体有关的材料与构件的起重机械，根据设置形态可以分为固定式的塔式起重机和移动式的履带式起重机，施工时要根据施工场地和建筑物形状进行选择。

进行起重机选择时，要根据预制混凝土构件的运输路径和起重机施工空地的有无等要素决定采用固定式的塔式起重机还是采用移动式的履带式起重机。当选择固定式的塔式起重机（图3-1）时，先根据场地情况及施工流水情况进行塔吊位置粗略布置，使塔吊尽可能覆盖施工场地，并尽可能靠近要求起重量大的地方；考虑群塔作业影响，限制塔吊相互关系与臂长，并尽可能使塔吊所承担的吊运作业区域大致均衡。塔吊的选型需要考虑最重预制构件重量及其位置，使得塔吊能够满足最重构件起吊要求。根据其余各构件重量、大钢模重量及其与塔吊相对关系对已经选定的塔吊进行校验。塔吊选型完成后，根据预制构件重量与其安装部位相对关系进行道路布置与堆场布置。图3-2与表3-1分别给出了某工程施工场地塔吊选型以及布置方案。当采用移动式的履带式起重机（图3-3）时，还应着重考虑施工现场是否具有移动式作业空间和拆卸空间、道路的平整情况与承载能力等。另外，起重机的选型和布置还要考虑主体工程时间，综合判断起重机的租赁费用、组装与拆卸费用。

图3-1　固定式的塔式起重机

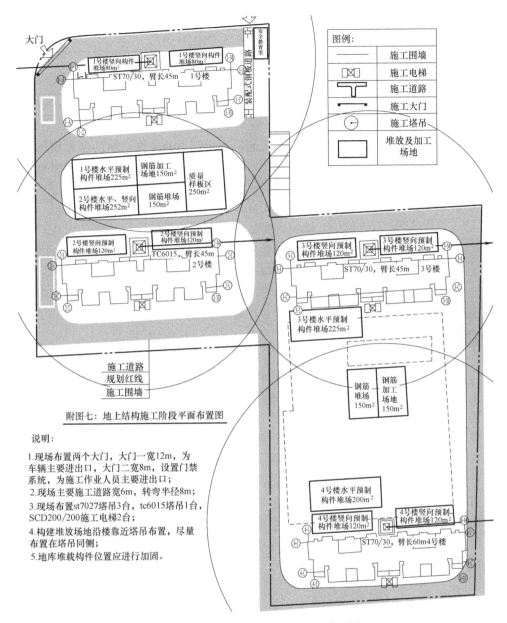

图例:
- 施工围墙
- 施工电梯
- 施工道路
- 施工大门
- 施工塔吊
- 堆放及加工场地

附图七：地上结构施工阶段平面布置图

说明:
1. 现场布置两个大门，大门一宽12m，为车辆主要进出口，大门二宽8m，设置门禁系统，为施工作业人员主要进出口；
2. 现场主要施工道路宽6m，转弯半径8m；
3. 现场布置st7027塔吊3台，tc6015塔吊1台，SCD200/200施工电梯2台；
4. 构建堆放场地沿楼靠近塔吊布置，尽量布置在塔吊同侧；
5. 地库堆载构件位置应进行加固。

图 3-2 某工程施工场地施工平面布置图

某工程施工场地构件布置方案表　　　　　表 3-1

类别	重量(t)	塔吊与构件距离(m)	备注
预制墙板1	4.4	30	最重构件
预制墙板2	3.0	36	
预制飘窗1	3.3	25	次重构件
预制飘窗2	3.0	37	
预制阳台	1.5	40	
预制装饰板	0.9	45	最远构件

类别	重量(t)	塔吊与构件距离(米)	备注
大钢模	1.2	40	
布料机	2.5	35	
吊装钢梁	0.2		与预制构件配合使用

注：运输车 2.5m 宽、16m 长，转弯半径不小于 9m，坡度不大于 15°。

图 3-3　履带式起重机

对于起重重量较小的装修材料的起重机械，在制定起重计划时，比起物品的重量，需要更多地考虑物品大小及使用频率。装修材料的起重机类型选择，根据作业人员是否一起搭乘大体上可分为两类。一起搭乘时，需要确保人员安全的设施与施工方法。高层建筑中起重机装货和卸货时，待机损失大，工作效率低，这时大都采用能够搭乘人员的升降机（图 3-4）。相反，中低层建筑的待机损失小，所以大都选用不能搭乘人员的简易升降机（图 3-5）。

3.1.2　道路、堆放场地

预制构件运送到施工现场后，应按规格、品种、所用部位、吊装顺序分别设置堆场。预制构件的堆放涉及质量和安全要求，应按工程或产品特点制定运输堆放方案，策划重点控制环节，对于特殊构件还要制定专门质量安全保证措施。预制构件临时堆放场地需在吊车作业范围内，避免二次搬运。并且，堆放点应在吊车一侧，避免在吊车工盲区作业。临时存放区域应与其他工种作业区之间设置隔离带或做成封闭式存放区域，尽量避免吊装过程中在其他工种工作区内经过，影响其他工种正常工作。并应设置警示牌及标识牌，与其他工种要有安全作业距离。现场堆放堆场应平整坚实，并有良好的排水措施。运输车辆进入施工现场的道路，应满足预制构件的运输要求，以防止车辆摇晃时引致构件碰撞、扭曲和变形。卸放、吊装工作范围内不应有障碍物，并应有满足预制构件周转使用的场地。临时存放区域应与

图 3-4　搭乘人员的升降机

图 3-5　简易升降机

其他工种作业区之间设置隔离带或做成封闭式存放区域，避免墙板吊装转运过程中影响其他工种正常工作防止发生安全事故。

图 3-6 给出了一个预制构件临时堆放场地内预制墙板、叠合板、阳台、飘窗、楼梯以及装饰板的布置图。预制构件堆放场的布置，需对构件排列进行考虑，其原则是：预制构件存放受力状态与安装受力状态一致，避免由于存放不合理导致构件翻身或运输过程中受力破坏。

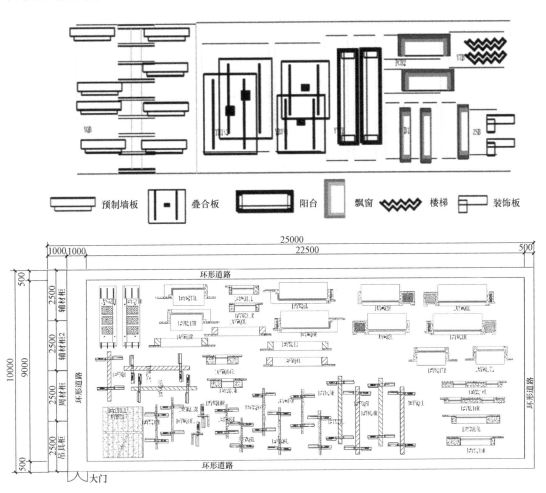

图 3-6 预制构件临时堆放场地内构件布置

预制构件的堆放有水平放置与站立放置两种形式。预制构件堆场的布置原则是：预制构件存放受力状态与安装受力状态一致，避免由于存放不合理导致构件破坏。堆放时应按吊装顺序、规格、品种、所用幢号房等分区配套堆放，不同构件堆放之间宜设宽度为0.8～1.2m 的通道。原则上，墙板类构件应采用站立堆放，叠合板、叠合梁、框架柱等构件应采用水平堆放。平方码垛时，每垛不超过 6 块且不超过 1.5m，底部垫 2 根100mm×100mm 通长木方且支垫位置在墙板平吊埋件位置下方，做到上下对齐。

构件站立堆放时要将地面压实，并做地面硬化；立放的构件宜配套设置支架，并应做好固定措施，以保证构架与支架不发生倾覆。当场地条件允许的时候可采用堆放排架的形式（图 3-7）；立放的构件应保持垂直状态，并应保持平衡。竖放时，构件容易倒塌，所以必须把两端固

57

定在支架（靠放架或插放架）上，支架应有足够的承载力和刚度，并应支垫稳固。

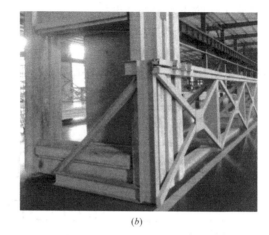

(a)　　　　　　　　　　　　　　　　　(b)

图 3-7　构件立放排架

(a) 独立堆放架；(b) 整体堆放架

外墙板与内墙板可采用竖立插放或靠放，如图 3-8 所示。当采用靠放架堆放构件时，靠放架应有足够的承载力和刚度。宜将相邻靠放架连成整体，采用靠放架堆放的墙板宜对

(a)　　　　　　　　　　　　　　　　　(b)

(c)

图 3-8　墙板堆放

(a) 构件立放排架；(b) 墙板竖立插放；(c) 堆场平面

称靠放、外饰面朝外，与竖向的倾斜角不宜大于10°，构件上部宜采用木垫块隔离。当采用插放架直立堆放时，通过专门设计的插放架应有足够的承载力和刚度，并需支垫稳固，防止倾倒或下沉。墙板宜升高离地存放，确保根部面饰、高低口构造、软质缝条和墙体转角等保持质量不受损。对连接止水条、高低口、墙体转角等易损部位，应采用定型保护垫块或专用式附套件作加强保护应加强保护。

　　构件平放时可采用构件叠放的形式，节约有限的现场放置点。构件叠放在一起时应采取防止构件产生裂缝的措施。一定要注意防止枕木（端部木材等）发生错位，每层构件间的垫木或垫块应在同一垂直线上以免构件局部受剪破坏。应保证最下层构件垫实，预埋吊件宜向上，标识宜向对堆垛间的通道。垫木或垫块在构件下的位置与脱模、吊装时的起吊位置一致。预制构件的堆垛层数应根据构件与垫木或垫块的承载能力及堆垛稳定性确定，必要时应设置防止构件倾覆的支架。堆放预应力构件时，应根据构件起拱值的大小和堆放时间采取相应措施。图3-9给出了预制楼梯与梁构件平放码垛示例。

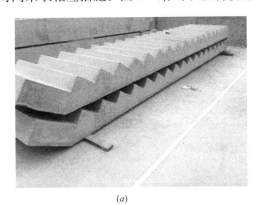 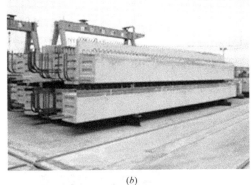

（a）　　　　　　　　　　　　　　　　　　（b）

图3-9　预制构件的平放码垛
（a）预制楼梯；（b）预制叠合梁

　　阳台模组预制构件也采用平放，阳台面朝上，阳台底垫置混凝土垫块，但不允许阳台模组相叠，如图3-10所示。

3.1.3　预制构件吊装工具

　　预制墙板吊装顺序的确定，需遵循便于施工，利于安装的原则。可采用从一侧到另一侧的吊装顺序，需提前制作出安装进度计划，有效地提高施工效率；并对需要安装的墙板提前进行验收。

　　预制墙板构件吊装应根据吊点设置位置在铁扁担上采用合适的起吊点。用吊装连接件将钢丝绳与墙板预埋吊点连接，起吊至距地面约50cm处时静停，检查构件状态且确认吊绳、吊具安装连接无误后方可继续起吊，起吊要求缓慢匀速，保

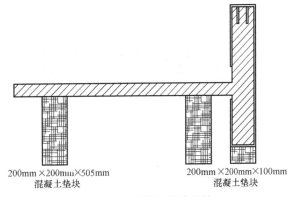

200mm×200mm×505mm　　　　　　200mm×200mm×100mm
混凝土垫块　　　　　　　　　　　　混凝土垫块

图3-10　阳台模组堆放及施工

证预制墙板边缘不被破坏。墙板模数化吊装梁吊装示意图如图 3-11 所示。

扁担的尺寸规格选择应根据所吊装构件的尺寸、重量、吊点设置、吊点反力等确定，并经过受力分析满足强度和稳定性要求后方可使用。荷载按最重构件重量取，并按最大构件尺寸确定分配梁长度。吊装工具由吊装连接件（图 3-12）和吊绳（图 3-13）等组成。预制阳台、预制飘窗及预制楼梯的吊装如图 3-14～图 3-16 所示。

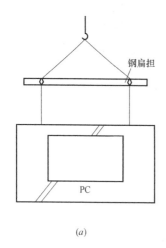

(a)   (b)

图 3-11　吊装梁吊装示意图

（a）吊装示意图；（b）钢扁担示意图

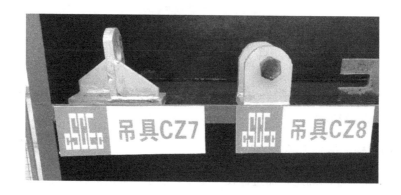

图 3-12　预制构件吊装连接件

图 3-13　吊绳

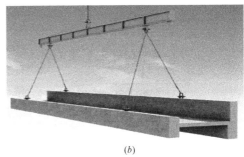

(a) (b)

图 3-14　预制阳台吊装工具安装方

（a）三点起吊；（b）四点起吊

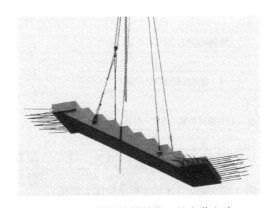

图 3-15　预制飘窗吊装工具安装方式　　　　图 3-16　预制楼梯吊装工具安装方式

3.2　装配整体式框架结构施工技术

3.2.1　施工流程

　　装配整体式框架结构是将全部或部分框架梁、板、柱在工厂预制，通过节点部位混凝土现浇以及梁板叠合层整体浇筑的方式将构件连接成为整体的框架结构体系。预制楼板多采用叠合楼板，预制梁多采用叠合梁。

　　装配式结构安装现场应根据工期要求以及工程量、机械设备等现场条件，制定装配式结构施工专项施工计划与方案。施工方案应结合结构深化设计、构件制作、运输和安装全过程各工况的验算，以及施工吊装与支撑体系的验算等进行策划与制定，充分反映装配式结构施工的特点和工艺流程的特殊要求。装配整体式框架结构典型的施工流程可以由图3-17 表示。

3.2.2　施工控制要点

3.2.2.1　预制柱安装与施工控制要点

　　预制柱属于竖向受力构件，其安装流程为：熟悉设计图纸核对编号 →安装准备→吊装→ 安装→斜支撑安装→垂直度精调→灌浆→ 保护→验收。

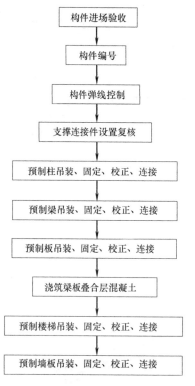

构件进场验收

↓

构件编号

↓

构件弹线控制

↓

支撑连接件设置复核

↓

预制柱吊装、固定、校正、连接

↓

预制梁吊装、固定、校正、连接

↓

预制板吊装、固定、校正、连接

↓

浇筑梁板叠合层混凝土

↓

预制楼梯吊装、固定、校正、连接

↓

预制墙板吊装、固定、校正、连接

图 3-17 装配整体式框架结构施工流程

（1）安装准备

根据预制柱平面各轴的控制线和柱框线校核预埋套管位置的偏移情况，并做好记录，若预制柱有小距离的偏移需借助协助就位设备进行调整。检查预制柱进场的尺寸、规格，混凝土的强度是否符合设计和规范要求，检查柱上预留套管及预留钢筋是否满足图纸要求，套管内是否有杂物等。预制柱安装施工前应确认预制柱与现浇结构表面清理干净，不得有浮灰、木屑等杂物。安装结构面应进行拉毛处理，且不得有松动的混凝土碎块及石子外露，无明显积水。

预制柱吊装前须校核定位钢筋位置，保证吊装就位准确。吊装前在柱四角放置金属垫块，以利于预制柱的垂直度校正，按照设计标高，结合柱子长度对偏差进行确认。

（2）吊装与定位

预制柱采用钢丝绳吊装，由吊车吊装至安装位置。起吊时先吊离地面 50cm，检查构件外观质量及吊钩连接无误后继续起吊。柱子起吊过程中一定要保护好柱子底部的外伸钢筋。一般可以事先套上钢管三脚架或者垫木，以达到保护外伸钢筋的目的。

柱初步就位时应将预制柱钢筋与下层预制柱的预留钢筋初步试对，无问题后准备进行固定。利用螺栓将预制柱的斜支撑杆安装在预制柱及现浇梁板的螺栓连接件上，如图 3-18 所示。进行初调，保证预制柱大致竖直，在初步就位后，利用可调节斜支撑螺栓杆进行精确调直和固定。具体方法与预制剪力墙结构外墙的吊装与固定方法类似。

（a） （b） （c） （d）

图 3-18 预制柱吊装与定位

（a）直立；（b）吊装；（c）支撑；（d）柱底封浆

（3）架设临时支撑

对于预制柱，由于其底部纵向钢筋可以起到水平约束的作用，因此其支撑主要以斜撑为主。柱子的斜撑最少也要设置2道，且要设置在2个相邻的侧面上。当有条件时，中柱或边柱也可在柱的4个侧面或3个侧面设置支撑。考虑到临时斜撑主要承受的是水平荷载，为充分发挥其能力，对上部的斜撑，其支撑点距离板构件底部的距离不宜小于构件高的2/3。

（4）接头连接

柱端部水平接合部主要位于柱脚和柱头两个部位。柱主筋的接头一般情况下设置在柱脚。下层柱主筋从楼板面上突出规定的长度，然后将内含套筒接头的预制柱插入其中。预制柱接头通过套筒灌浆连接，套筒侧面有注浆孔、出浆孔使用专业灌浆机具进行高压注浆操作（见图3-19）。灌浆操作时，柱脚四周采用坐浆材料封边，形成密闭灌浆腔，保证在最大灌浆压力（约1MPa）下密封有效。如果所有连接接头的灌浆口都未被封堵，当灌浆口漏出浆液时，应立

图3-19 灌浆作业

即用胶塞封堵牢固；如排浆孔事先封封堵胶塞，摘除其上的封堵胶塞，直至所有灌浆口都流出浆液并已封堵后，等待排浆孔出浆。一个灌浆单元只能从一个灌浆口注入，不得同时从多个灌浆口注浆。

3.2.2.2 预制梁安装与施工控制要点

预制梁构件安装流程为：熟悉设计图纸核对编号 →安装准备→弹出控制线并复核→支撑体系施工→预制梁起吊、就位→叠合梁校正→上层钢筋安装→钢筋隐蔽工程验收→浇筑上层混凝土。

（1）起吊与安装

预制梁起吊中要保证各吊点受力均匀，尤其是预制节段主梁吊装时，要保障预制主梁每个节段受力平衡及变形协调，同时要注意避免预制梁的外伸连接钢筋与立柱预留钢筋发生碰撞。待预制梁停稳后须缓慢下放，以免安装时冲击力过大导致梁柱接头处的构件破损。梁起吊时，吊索应有足够的长度以保证吊索和吊运钢梁之间的角度不小于60°。预制梁的施工可见图3-20。

柱构件有预制构件和现浇混凝土构件之分，在预制构件柱上面搭建梁构件时，在梁构件中央需要搭设支撑，柱为现浇混凝土构件时，需要支架承受整个梁的荷载。吊装班组要依据预制梁标高控制线，通过调整支撑体系顶托对预制梁标高进行校正。梁底支撑可采用立杆支撑＋可调顶托＋100mm×100mm方木。同时根据预制梁轴线位置控制线，利用楔形木块嵌入预制梁的方法对叠合梁轴线位置进行调整。梁的吊装过程中需要注意的是，要按柱对称的方式吊装。待叠合梁安装完毕后，根据在预制梁上方钢筋间距控制线进行叠合层钢筋绑扎，保证钢筋搭接和间距符合设计要求。待叠合层钢筋隐蔽检查合格，结合面清

理干净后，即可浇筑梁柱接头、预制梁叠合层以及叠合楼板上层混凝土。

（2）连接施工

梁的连接主要包括梁柱连接、梁梁连接、梁板连接等。梁柱节点现场浇筑混凝土时，应确保键槽内的杂物清理干净，并提前 24 小时浇水润湿。键槽钢筋绑扎时，为确保钢筋位置的准确，键槽预留 U 形开口箍，如图 3-21 所示，待梁柱钢筋绑扎完成后，在键槽上安装倒 U 形开口箍与原预留 U 形开口箍双面焊接。梁柱节点处可采用钢模板施工，施工要点是控制好模板与预制构件之间的拼缝及结构尺寸。

图 3-20　预制梁施工

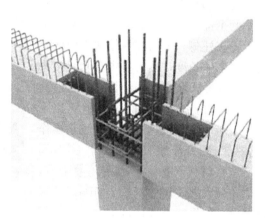

图 3-21　梁柱节点施工

两根梁对接时一般将连接位置设在跨中附近。此类型的接头在接合部内部安装梁主筋的钢筋接头，通过现浇混凝土将梁构件连接成整体的方法。因为地震荷载作用时的弯矩非常小，所以大多在接合面上设置抗剪键。如图 3-22 所示，梁下端钢筋的接头可以使用灌浆套筒接头等。

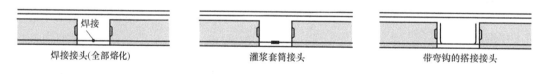

焊接接头(全部熔化)　　　　　　灌浆套筒接头　　　　　　带弯钩的搭接接头

图 3-22　梁梁连接节点施工

梁与板的连接则是指在楼板上浇筑混凝土使板与预制梁接合。将预制梁上端主筋设置在叠合梁的现浇混凝土部分，然后使抗剪钢筋从预制梁上伸出作为连接钢筋。具体的，先在接触面使用刷子刷毛或设置销筋。在箍筋或附加钢筋的内侧设置梁上端主筋或加固钢筋等之后，通过在预制梁的上面现浇混凝土使构件形成整体，如图 3-23 所示。

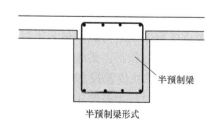

半预制梁形式

图 3-23　梁板连接节点施工

3.2.2.3　叠合板安装与施工控制要点

预制叠合板构件安装流程图如图 3-24 所示。

（1）起吊前准备

1）技术准备

a. 项目负责人提前做好专项施工安全及技术交

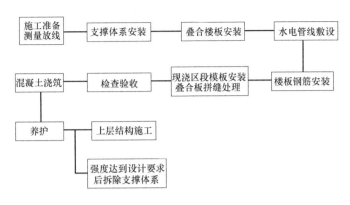

图 3-24 预制叠合板构件安装流程

底，并根据施工方案及图纸认真地做好构件的现场安装计划。

b. 相关技术施工人员要详细阅读施工图纸及规范规程，熟练掌握图纸内容，列出施工的难点和重点。图纸不明确的地方及时与建设单位工程部及设计院沟通。

2）现场准备

a. 在施工现场设置叠合板专用的堆场。

b. 施工前按照施工顺序由运输车辆提前将一部分墙板和支撑运至施工处。

3）材料准备

a. 支撑体系：三脚架、独立支撑、托架、横梁。

b. 安装工具：水准仪、塔尺、水平尺、冲击钻、橡胶垫、专用吊钩、铁锤、撬棍、扳手、锚固螺栓等。

（2）叠合板支撑体系

叠合板底板采用钢管或独立支撑体系，吊装就位后重点检查板缝宽度及板底拼缝高低差。如有高低差须调节顶托使高低差在允许范围以内。叠合板独立支撑体系如图 3-25 所示。

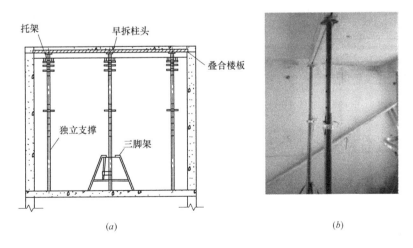

图 3-25　叠合板独立支撑示意图

（a）独立支撑示意图；（b）独立支撑安装示例

叠合板独立支撑由支撑杆、三脚架、托架、横梁组成。支撑杆通过三脚架提供侧向支撑，站稳后根据叠合板底标高调节高度，并在托架上安装横梁以便支承叠合板。

独立支撑应在距离叠合板端500mm处设置，作为施工阶段叠合板的端支座；当叠合板跨度不大于4.8m时在跨内设置一道支撑即可，当叠合板跨度大于4.8m但小于6m时应设置两道支撑。临时支撑多层设置时各层支撑应尽量设置在同一竖直线上，一般应保持连续两层设置有支撑。

（3）叠合板吊装

叠合板吊装就位的技术措施为：

1）楼板吊装前应将支座基础面及楼板底面清理干净，避免点支撑；吊装时先吊铺边缘窄板，然后按照顺序吊装剩下来的板。

2）叠合板起吊时，宜采用铁扁担进行吊装，要求吊装时四个吊点均匀受力，起吊缓慢保证叠合板平稳吊装。

3）叠合板吊装过程中，在作业层上空300mm处略作停顿，根据叠合板位置调整叠合板方向进行定位。吊装过程中注意避免叠合板上的预留钢筋与墙体的竖向钢筋碰撞，叠合板停稳慢放，以免吊装放置时冲击力过大导致板面损坏。

4）叠合板就位校正时，采用楔形小木块嵌入调整，不得直接使用撬棍调整，以免出现板边损坏。

5）楼板铺设完毕后，板的下边缘不应该出现高低不平的情况，也不应出现空隙，无法避免的空隙应做封堵处理；支撑杆可以作适当调整，使板的底面保持平整，无缝隙。

（4）板缝施工

1）板缝类型

叠合板的板缝根据构件属于单向板还是双向板有不同的做法。

对于单向叠合板，有密拼接缝和后浇小接缝两种，见图3-26；对于双向叠合板，有后浇带连接及密拼接缝形式，见图3-27。

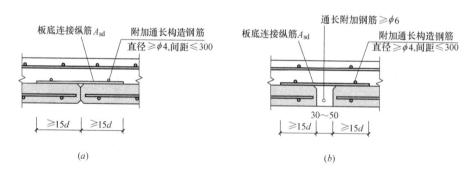

（a）　　　　　　　　　　　（b）

图3-26　单向叠合板拼缝示意图

（a）密拼接缝；（b）后浇小接缝

2）钢筋绑扎

预制楼板安装调平后，按照施工图安装叠合板部位的机电线盒和管线。楼中敷设管线，正穿时采用刚性管线，斜穿时采用柔韧性较好的管材。避免多根管线集束预埋，采用直径较小的管线，分散穿孔预埋。施工过程中各方必须做好成品保护工作。

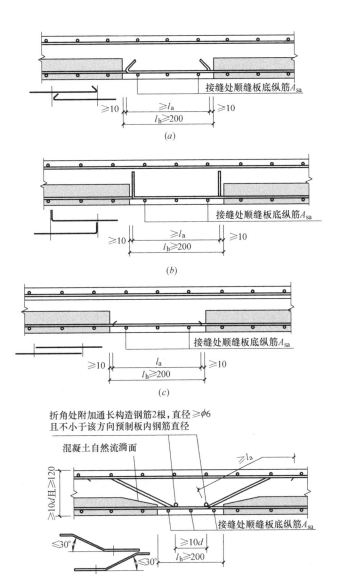

图 3-27 双向叠合板拼缝示意图

(a) 板底纵筋 135°弯钩连接；(b) 板底纵筋 90°弯钩连接；

(c) 板底纵筋直线搭接；(d) 板底纵筋弯折锚固

待机电管线铺设完毕清理干净后，根据在叠合板上方钢筋间距控制线进行钢筋绑扎，保证钢筋搭接和间距符合设计要求。同时利用叠合板桁架钢筋作为上层钢筋的马凳，确保上铁钢筋的保护层厚度。楼板上层钢筋设置在桁架筋上弦钢筋上并绑扎固定之上，以防止偏移和混凝土浇筑时上浮。

对已铺设好的钢筋、模板进行保护，禁止在底模上行走或踩踏，禁止随意扳动、切断桁架钢筋。

3）双向叠合板后浇带

双向叠合板半侧的整体式接缝宜设置在叠合板的次要受力方向上且宜避开最大弯矩截面。接缝可采用后浇带形式，并应符合下列规定：

① 后浇带宽度不宜小于 200mm；

② 后浇带两侧板底纵向受力钢筋可在后浇带中焊接、搭接连接、弯折锚固，具体根据设计图纸确定。

（5）检查验收

楼板安装施工完毕后，首先由项目部质检人员对楼板各部位施工质量进行全面检查。

项目部质检人员检查完毕并合格后报监理公司，由专业监理工程师进行复检（表 3-2）。

叠合楼板安装允许偏差 表 3-2

序号	项目	允许偏差(mm)	检验方法
1	预制楼板标高	±5	水准仪或拉线、钢尺检查
2	预制楼板搁置长度	±10	钢尺检查
3	相邻板面高低差	2	钢尺检查
4	预制楼板拼缝平整度	3	用 2m 靠尺和塞尺检查

（6）混凝土浇筑

监理工程师及建设单位工程师复检合格后，方能进行叠合板混凝土浇筑。

混凝土浇筑前，清理叠合板上的杂物，并向叠合板上部洒水，保证叠合板表面充分湿润，但不宜有明水。振捣时，要防止钢筋发生位移。为了保证叠合板及支撑受力均匀，混凝土浇筑采取从中间向两边浇筑，连续施工，一次完成。同时使用平板振动器振捣，确保混凝土振捣密实。

根据楼板标高控制线，控制板厚；浇筑时采用 2m 刮杠将混凝土刮平，随即进行混凝土收面及收面后拉毛处理。混凝土浇筑完毕后立即进行养护，养护时间不得少于 7 天。

3.2.2.4 预制楼梯安装与施工控制要点

预制楼梯的安装流程如图 3-28 所示。

楼梯吊装主要技术措施为：

1）起吊前检查吊索具，确保其保持正常工作性能。吊具螺栓出现裂纹、部分螺纹损坏时，应立即进行更换，同时保证施工三层更换一次吊具螺栓，确保吊装安全。检查吊具与预制板背面的四个预埋吊环是否扣牢，确认无误后方可缓慢起吊。

2）控制线：在楼梯洞口外的板面放样楼梯上、下梯段板控制线。在楼梯平台上划出安装位置（左右、前后控制线）。在墙面上划出标高控制线。

在梯段上下口梯梁处铺水泥砂浆找平层，找平层标高要控制准确。

弹出楼梯安装控制线，对控制线及标高进行复核，控制安装标高。楼梯侧面距结构墙体预留 3cm 空隙，为保温砂浆抹灰层预留空间。

3）安装吊具：当采用双排型钢吊装架时，应将吊装架上的吊点设置为与楼梯构件吊点分别位于竖直线上，以使吊绳竖直。高跨处两个吊点采用等长钢丝绳连接吊装架；低跨处两个吊点采用等长钢丝绳配合倒链的方式连接吊装架。

4）起吊：预制楼梯梯段采用水平吊装。构件吊装前必须进行试吊，先吊起距地 50cm

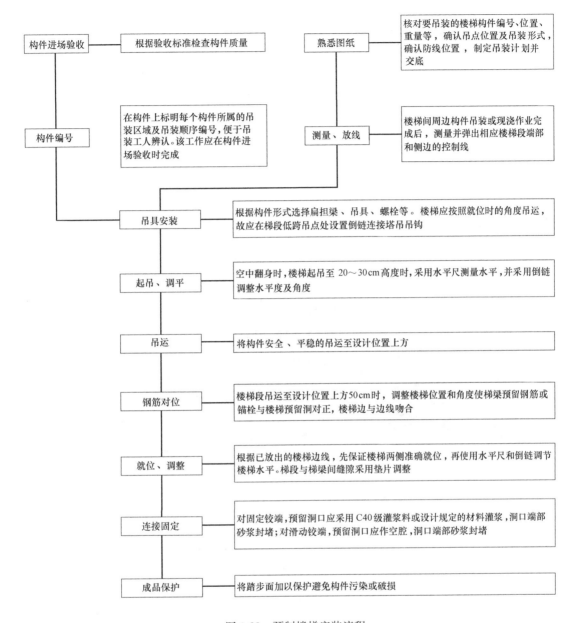

图 3-28 预制楼梯安装流程

停止，检查钢丝绳、吊钩的受力情况，使楼梯保持水平，然后吊至作业层上空。吊装时，应使踏步平面呈水平状态，便于就位。将楼梯吊具用高强螺栓与楼梯板预埋的内螺纹连接，以便钢丝绳吊具及倒链连接吊装。楼梯起吊前，检查吊环，用卡环销紧。

　　一般情况下楼梯采用平放的方式堆放，因此吊装过程中需要考虑楼梯的翻身作业。通常有两种方式：空中翻身与地面翻身。当采用空中翻身时，应首先将构件平吊离开地面，再放松倒链使得楼梯翻身至设计角度；当采用地面翻身时，应先将高跨处吊点与塔吊吊钩连接，以最低跨踏步处底板转角点为转轴将构件翻转至设计角度，在最高跨踏步下设置支撑架以放松高跨处吊绳，在该形态下使用吊装架重新安装各吊点处吊绳及低跨处倒链并张紧使各吊点均匀受力。

构件的翻身应进行专项受力分析，寻求既方便又能满足受力要求的翻身方式。

5）楼梯就位：就位时楼梯板要从上垂直向下安装，在作业层上空 60cm 左右处略作停顿，施工人员手扶楼梯板调整方向，将楼梯板的边线与梯梁上的安放位置线对准，放下时要停稳慢放，严禁快速猛放，以避免冲击力过大造成板面震折裂缝。

6）校正：基本就位后再用撬棍微调楼梯板，直到位置正确，搁置平实。安装楼梯板时，应特别注意标高正确，校正后再脱钩。构件的就位调整应达到设计及验收规范规定的精度。

预制楼梯的安装时间为在上层墙体出模后，开始吊装下层预制楼梯踏步板，保证 L 形梁强度，如图 3-29 所示。预制楼梯部分与梁连接，一端固定，一端滑动，如图 3-30 所示。预制梯段对应位置预留栏杆孔，楼梯栏杆与楼梯梯段采用浆锚连接。

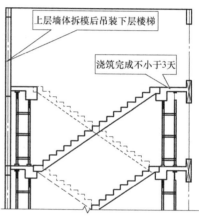

图 3-29　预制楼梯开始安装

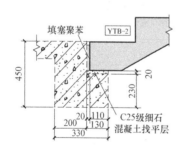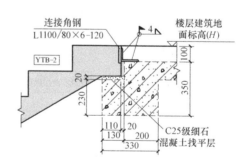

图 3-30　预制楼梯与梁的连接

预制楼梯与现浇梁板采用预埋件焊接连接时，应先施工梁板，后放置、焊接楼梯，采用锚固钢筋连接时，应先放置楼梯，后施工梁板。

安装流程及要求为：

1）控制线：在楼梯洞口外的板面放样楼梯上、下梯段板控制线。在楼梯平台上划出安装位置（左右、前后控制线）。在墙面上划出标高控制线。

2）在梯段上下口梯梁处铺 2cm 厚 M10 水泥砂浆找平层，找平层标高要控制准确。

M10 水泥砂浆采用成品干拌砂浆。

3）弹出楼梯安装控制线，对控制线及标高进行复核，控制安装标高。楼梯侧面距结构墙体预留 3cm 空隙，为保温砂浆抹灰层预留空间。

4）起吊：预制楼梯梯段采用水平吊装，吊装时应使踏步平面呈水平状态，便于就位，如图 3-31 所示。将吊装吊环用螺栓与楼梯板预埋的内螺纹连接，以便钢丝绳吊具及倒链连接吊装。板起吊前，检查吊环，用卡环销紧。

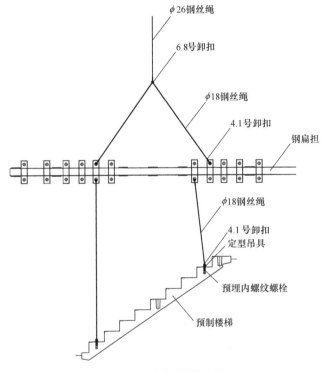

图 3-31 预制楼梯起吊

5）楼梯就位：就位时楼梯板保证踏步平面呈水平状态从上吊入安装部位，在作业层上空 30cm 左右处略作停顿，施工人员手扶楼梯板调整方向，将楼梯板的边线与梯梁上的安放位置线对准，放下时要停稳慢放，严禁快速猛放，以避免冲击力过大造成板面震折裂缝。

6）校正：基本就位后再用撬棍微调楼梯板，直到位置正确，搁置平实。安装楼梯板时，应特别注意标高正确，校正后再脱钩。

7）楼梯段校正完毕后，将梯段上口预埋件与平台预埋件用连接角钢进行焊接，焊接完毕接缝部位采用等同坐浆标准进行灌浆。

楼梯拼装后与外墙处有 20mm 的施工缝，后期做内墙装修的时候刮腻子之前用聚合物砂浆灌缝，这样成本低，但是后期可能会开裂，或者用密封胶填缝效果好但成本高。

3.2.3 施工实例

上海中建虹桥生态商务商业社区项目售楼处，位于青浦区，蟠中路及蟠详路交叉口处，为上海中建虹桥生态商务商业社区项目配套的售楼中心（图 3-32）。建筑面积

1103m²，建筑尺寸 36.0m×16.2m，建筑高度 8.95m，框架结构，条形基础，大跨部分为预应力结构，采用预制装配整体式方法建造，预制装配率约 61.5％。

图 3-32　项目工程实景图

构件安装及施工工艺流程如图 3-33 所示。

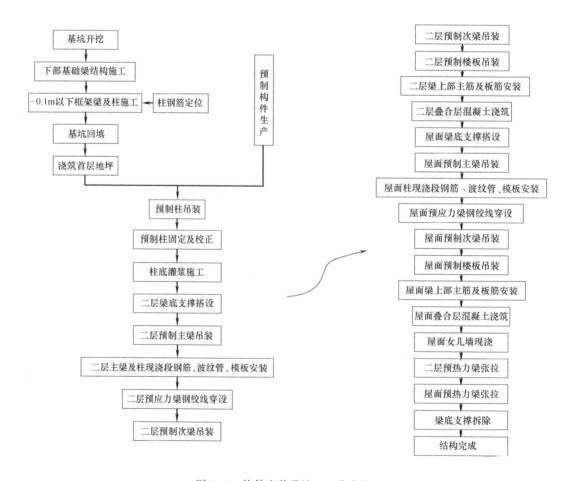

图 3-33　构件安装及施工工艺流程

（1）预制柱安装（图 3-34）

1) 进场　　　　　　　　　　2) 堆放　　　　　　　　　　3) 直立

4) 吊装　　　　　　　　　　5) 支撑　　　　　　　　　　6) 柱底封浆

7) 套筒灌浆

图 3-34　预制柱吊装流程

　　预制节段柱的脱模、转运、翻身、吊装均使用汽车吊完成。其中脱模及转运采用铁扁担，通过预制节段柱柱身侧边所埋设的 4 个吊环进行起吊。翻身时，先在预制柱上挂设软爬梯，之后汽车吊主、副钩分别勾住柱顶吊环及下节段柱柱身吊环，进行节段柱空中翻身，翻身至一定角度后，构件下落至柱底部接触地面，此时工人通过软爬梯将柱身侧边挂钩摘去，通过柱顶端吊环完成全部翻身动作。翻身过程予以单独验算，若节段柱节点位置钢筋强度及稳定性不足，添加交叉斜筋予以补强，防止由于钢筋弯曲变形导致上节段柱偏位且无法调整。

预制柱安装前，应对基础顶面及插筋进行清理，并对基础顶面进行标高抄测，之后通过垫设垫块，完成预制柱高程调节。

预制柱安装时，首先应在基础地面放出轴线，并在预制柱上弹出对应轴线。预制柱下落过程中，通过套筒插入进行初步定位，套筒全部插入后，缓慢下放，下放过程中，进行微调，使轴线与预制构件弹线对齐。之后安装临时支撑，支撑安装稳固后摘去挂钩，并通过临时支撑的调节装置对柱子垂直度进行微调。

（2）预制梁、板安装（图 3-35）

预制梁板安装前，按照深化设计要求搭设梁、板下临时支撑，临时支撑上架设木方，保证支撑均匀受力。然后，对木方顶面标高进行抄测，并通过支撑的调节装置，对标高进行调节，使其达到预制梁、板底面设计标高。最后，在柱、梁、板及木方上方放出构件定位轴线，构件按照吊装顺序依次吊放。

次梁放置至主梁挑耳上后，及时施焊，防止次梁受扰动，发生侧向脱落。

| 1）起吊梁 | 2）梁定位 | 3）次梁置于主梁牛腿上 |
| 4）起吊板 | 5）板就位 | 6）板吊装完成 |

图 3-35　预预梁、板吊装

3.3 装配整体式剪力墙结构施工技术

3.3.1 施工流程

装配整体式剪力墙结构由竖向受力构件和水平受力构件组成，构件采用工厂化生产（或现浇剪力墙），运至施工现场后经过装配及后浇叠合形成整体，其连接节通过后浇混凝土结合，水平向钢筋通过机械连接或其他方式连接，竖向钢筋通过钢筋灌浆套筒连接或其他方式连接。竖向受力构件和水平受力构件主要包括预制的内外墙板、楼板、楼梯等预制商品混凝土板材。在满足抗震设计和可靠的节点连接前提下，其力学模型等同于现浇混凝土剪力墙结构。装配整体式剪力墙结构施工流程如图 3-36 所示。

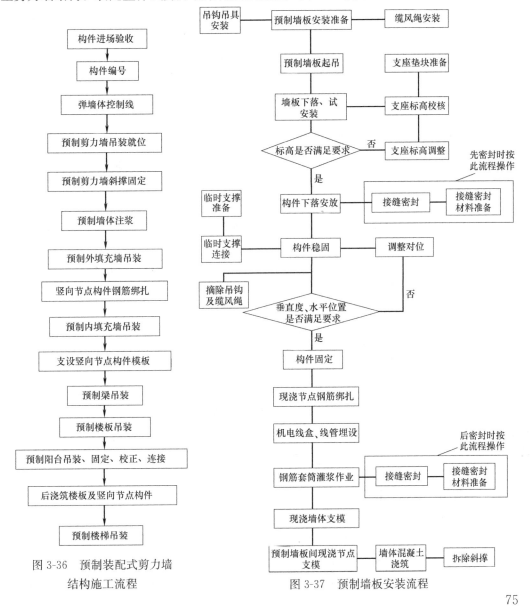

图 3-36　预制装配式剪力墙
结构施工流程

图 3-37　预制墙板安装流程

3.3.2 施工控制要点

3.3.2.1 预制剪力墙安装与施工控制要点

1. 施工流程

典型装配整体式剪力墙结构的墙板构件安装流程如图 3-37 所示。

预制构件吊装采用塔吊进行作业。构件吊装之前，应针对吊装作业、就位与临时支撑、灌浆施工等进行充分的准备，确保吊装施工顺利进行。

2. 起吊准备

1）根据墙板构件及塔吊布置位置，采用四倍率钢丝绳进行吊装。构件吊装根据设计方案采用吊具，相应的钢丝绳规格、长度、锁扣、卡环等须经验算满足吊装要求且有相关证明文件。

2）根据构件吊装计划及构件进场资料定位所需吊装构件，检查构件预制时间及质量合格文件，确认构件无误及构件强度满足规范规定的吊装要求。无误后，安装吊具。并在构件上安装缆风绳，方便构件就位时牵引与姿态调整。

3）提前在构件上放好控制线。

4）确认塔吊起吊重量与吊装距离满足吊装需求；核实现场环境、天气、道路状况等满足吊装施工要求。

5）成立专业小组，进行安全教育与技术交底；确保各个作业面达到安全作业条件；确保塔吊、钢丝绳、卡环、锁扣、外架、安全用电、防风措施等达到安全作业条件；检查复核吊装设备及吊具处于安全操作状态。

6）检查构件内预埋的吊环或其他类型吊装预埋件是否完好无损，规格、型号、位置是否正确无误。起吊前应先试吊，将构件吊离地面约 50cm，静置一段时间确保安全后再行吊装。

7）对较重构件、开口构件、开洞构件、异形构件及其他设计要求的构件，应进行吊装过程受力分析，包括翻身过程、起吊过程、临时支撑状态等多种工况，对其中受力不利状态进行加固补强，避免吊装过程中构件破坏或者出现其他安全事故。

8）装配式结构施工前，应选择有代表性的单元进行预制构件试安装，并根据试安装结果及时调整完善施工方案和施工工艺。

3. 就位与临时支撑准备

1）核对已完成结构的混凝土强度、外观质量、尺寸偏差等符合《混凝土结构工程施工规范》GB 50666—2011、《装配式混凝土结构技术规程》JGJ 1—2014、《混凝土结构工程施工质量验收规范》GB 50204—2015 及地方规范《装配整体式住宅混凝土构件制作、施工及质量验收规程》DG/T J08—2069—2010、《装配整体式混凝土结构施工及质量验收规范》DGJ 08—2117—2012 的有关规定，并核对预制构件的混凝土强度及预制构件和配件的型号、规格、数量等符合设计要求。

2）检查墙板构件套筒、预留孔的规格、位置、数量和深度；检查被连接钢筋的规格、数量、位置和长度；当套筒、预留孔内有杂物时，应清理干净；当连接钢筋倾斜时，应进行校直；连接钢筋偏离套筒或孔洞中心线不宜超过 5mm。

3）测量放线（图 3-38），设置构件安装定位标识；校核现场预留钢筋的平面间距、长度等；并须确认现浇构件的强度已达设计要求。测量放线包括在预制墙板室内侧画出50cm标高线及两条纵向定位线；在楼板上画出对应于预制墙板纵向定位线的横向定位线。

(a)　　　　　　　　　　　　　(b)

图 3-38　测量放线

(a) 确定标高控制点；(b) 楼面弹线操作

4）检查临时支撑埋件套筒，如有杂物应及时清理干净；检查楼板面临时支撑埋件是否已安装到位；确认楼板混凝土强度达到设计要求；预先在墙板上安装临时支撑连接件。

5）检查临时支撑的规格、型号、数量满足施工要求，调节部件灵活可调且紧固后牢固可靠，检查可调斜撑的调节量程是否满足施工要求；检查连接件规格、数量等满足施工要求。

6）应备好可调节接缝厚度和底部标高的垫块。底部标高垫块宜采用钢质垫片或硬橡胶垫片，厚度采用 1mm、2mm、5mm、10mm 的组合。

7）复核临时支撑安装方案。

4. 转换层连接钢筋定位

装配式建筑在设计时存在下部结构现浇、上部结构预制的情况。在现浇与预制转换的楼层，即装配施工首层，下部现浇结构预留钢筋的定位是对装配式建筑施工质量至关重要的问题。

首层连接钢筋的定位施工流程如图 3-39 所示。

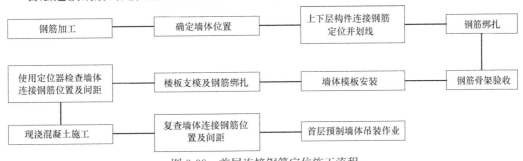

图 3-39　首层连接钢筋定位施工流程

具体操作的技术措施为：

1）转换层连接钢筋的加工应按照高精度要求进行作业。为保证首层预制构件的就位能够顺利进行，转换层连接钢筋应做到定位准确、加工精良、无弯折、无毛刺、长度满足设计要求。

2）绑扎钢筋骨架时，应注意与首层预制构件连接的钢筋的位置。根据图纸对连接钢筋进行初步定位并画线确定；在钢筋绑扎时应注意修正连接钢筋的垂直度。

3）钢筋绑扎结束后，对钢筋骨架进行验收。一方面按照现浇结构钢筋骨架验收内容进行相应的检查与验收，另一方面检查连接钢筋的级别、直径、位置与甩出长度。

4）按现浇结构要求进行墙板模板支设，并进行转换层楼板模板支设及绑紧绑扎作业。

5）用钢筋定位器（如图3-40所示）复核连接钢筋的位置、间距及钢筋整体是否有偏移或扭转。如有不满足设计要求的偏位或扭转，应及时进行修正。

钢筋定位器采用与预制墙体等长等宽的钢板制成，按照首层预制墙体底面套筒位置与直径在钢板上开孔，其加工精度应达到预制墙板底面模板精度。在套筒开孔位置之外，应另行开直径较大孔洞，一方面可供振捣棒插入进行混凝土振捣，另一方面也可减轻定位器重量，方便操作。钢板厚度及开孔数量、大小应保证定位器不发生变形，避免导致定位器失效，一般情况下可取为厚度6mm、孔洞直径100mm。

钢筋定位器套筒位置开孔处可安装内径与套筒内径相同的钢套管，用以检测连接钢筋是否有倾斜，并可模拟首层构件就位时套筒与连接钢筋的位置关系。钢套管的长度建议取为连接钢筋插入套筒的长度，可方便检测连接钢筋甩筋长度是否满足设计要求。

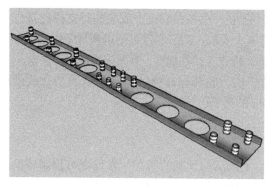

图3-40　钢筋定位器效果图

6）连接钢筋位置检查合格后应由项目总工程师、技术负责人、质量负责人、生产负责人等验收签字，而后方可进行现浇混凝土作业。

7）浇筑混凝土后应及时再次使用钢筋定位器对连接钢筋位置进行检测。应将定位器与模板限位装置进行有效连接，将定位器边界按照首层预制构件边界进行固定，及时调整连接钢筋的位置与角度。在振捣混凝土时应注意避免碰撞连接钢筋，减少对连接钢筋及定位器的扰动。

8）当发现定位器发生变形时，应及时进行更换，采用备用定位器进行钢筋的检查与纠正。

当转换层连接钢筋有附加定位钢筋的时候，应特别注意其加工及绑扎定位。附加定位钢筋的加工长度应严格按照设计的要求确定，其端头应按照连接钢筋方式处理，做到无弯折、无毛刺。

附加定位钢筋的绑扎应首先确定其大概位置，在钢筋骨架上进行初步定位；然后用定位器上相应位置的定位孔调整附加定位筋，确保定位筋能够插入上层构件套筒内。附加定位筋应做好固定措施，在定位达到设计要求的前提下采用横向与纵向措施筋进行附加定位筋的固定。横向措施筋可采用Φ12或Φ14，应上下各布置一排，上排布置于楼板下沿约60mm处，下排布置于附加定位筋根部向上约200mm处，沿墙板厚度方向分别与墙板的内外层横向分布筋绑扎固定，其长度一般取为墙板厚度扣除两侧混凝土保护层厚度。纵向措施筋上下各一排，分别位于横向措施筋的上方，水平位置位于墙板分布钢筋的内侧。横向与纵向措施筋的布置可参考图3-41的做法。当设计另有要求时应按照设计的做法进行作业。

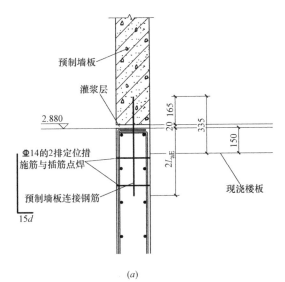

(a)

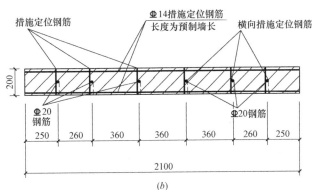

(b)

图 3-41 附加定位钢筋固定用横向与纵向措施筋
（a）横向措施筋布置；（b）纵向措施筋布置

5. 灌浆施工准备

在构件吊装作业前，应将影响灌浆且构件就位后难以实施的工作进行充分且细致的准备：

1）钢筋套筒灌浆前，应在现场模拟构件连接接头的灌浆方式，每种规格钢筋制作不少于 3 个套筒灌浆连接接头，进行灌浆质量及接头抗拉强度检验；检验合格后方可进行灌浆作业。因此需提前至少 28 天进行接头构件的制作并在灌浆作业前完成抗拉强度检验。

2）构件安装前，应检查结合面并进行细致的清洁工作，不得留有油污、浮灰、粘贴物、木屑等杂物，且不得留有松动的混凝土碎块和石子。

3）钢筋套筒灌浆连接接头灌浆前应对接缝周围进行封堵，封堵充实应符合结合面承载力设计的要求。当采用坐浆材料封堵时，其厚度不宜大于 20mm。若采用先封堵的方法，应确保构件就位前完成坐浆封堵。若采用橡塑保温条进行封堵，应完成保温条的加工、安放与固定。

6. 临时支撑体系

预制墙板构件安装时的临时支撑体系主要包括可调节式支撑杆、端部连接件、连接螺栓、预埋螺栓等几部分。

墙板构件的临时支撑不宜少于2道，每道支撑由上部的长斜支撑杆与下部的短斜支撑杆组成。上部斜支撑的支撑点距离板底不宜小于板高的2/3，且不应小于板高的1/2，具体根据设计给定的支撑点确定。预制墙板斜支撑布置示意图见图3-42。

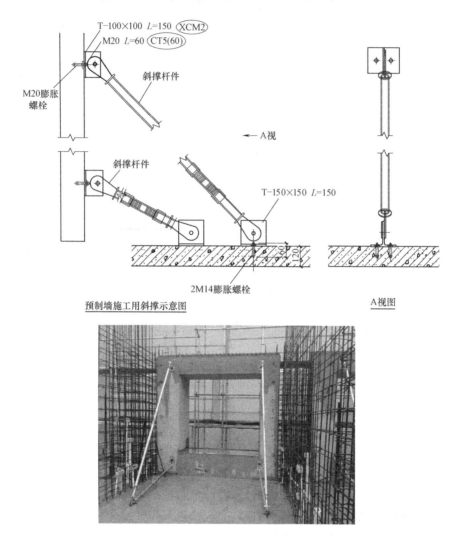

图3-42　预制墙板斜支撑示意图

墙体斜支撑的安装分为连接件安装、支撑杆安装、支撑紧固。连接件安装可在构件吊装之前进行。墙板上的连接件根据设计可选用T形连接件，其由两块正交钢板焊接而成，与两个预埋螺栓孔连接（图3-43）；也可选用带孔矩形钢板焊接U形钢筋的连接件，其与两个预埋螺栓的一个连接（图3-44）。在对构件进行检查无误、具备吊装条件、安装吊装用连接件时可安装斜支撑连接件，并将螺栓拧紧确保连接件与墙板连接牢固，保证安全且能减轻斜支撑安装时的工作。

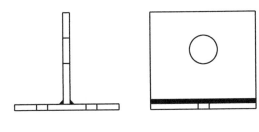

图 3-43　T 形连接件

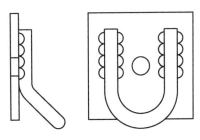

图 3-44　钢板焊接 U 形钢筋连接件

7. 构件安装作业

墙板构件安装的主要操作工艺为：

1）构件吊装应采用慢起、快升、缓放的操作方式。起吊应依次逐级增加速度，不得越挡操作。

2）墙板构件吊装应根据吊点设置位置在铁扁担上采用合适的起吊点。用吊装连接件将钢丝绳与墙板预埋吊点连接，起吊至距地面约 50cm 处时静停，检查构件状态且确认吊绳、吊具安装连接无误后方可继续起吊，起吊要求缓慢匀速。

3）当构件为 U 形开口形式时，应在 U 形开口两侧墙体之间设置型钢连接件，用以加固构件，提高其刚度与整体变形能力，确保预制墙板边缘不发生破坏。当构件为开洞构件且开洞尺寸较大时，应进行相应的吊装作业受力分析，如构件有破坏的危险则应进行相应的加固，避免角部混凝土拉裂。

4）在楼板面已画线定位的墙板位置两端部预先安放标高调整垫片，高度按 20mm 计算。

5）构件距离安装面约 100cm 时，应慢速调整，安装人员应使用搭钩将缆风绳拉回，用缆风绳将墙板构件拉住使构件缓速降落至安装位置；构件距离楼地面约 30cm 时，应由安装人员辅助轻推构件根据定位线进行初步定位；楼地面预留插筋与构件灌浆套筒应逐根对准，待插筋全部准确插入套筒后缓慢降下构件。

6）构件的初步定位可以采用辅助定位器（如图 3-45 所示）进行。构件吊装之前现在下部斜撑预埋螺栓套筒内安装定位螺栓，且在楼板上相应位置处安装辅助定位器并与楼板牢固连接。吊装过程中预制墙板快要就位时用缆风绳牵引构件向辅助定位器靠拢，将定位螺栓卡入辅助定位器竖向型钢的预留凹槽中，然后利用该凹槽形成的轨道将墙板落下，保证下层预留钢筋能够快速、准确地插入到灌浆套筒中。为避免墙板与辅助定位器的型钢接触时因碰撞而发生破损，可在辅助定位器竖向型钢与墙板接触的部位牢固粘贴橡胶垫片。

7）墙板就位后，通过 50cm 标高控制线检查墙板标高及水平度。标高检查可通过标高控制线与相邻墙板或预先设定的标高控制点进行，也可以采用激光水平仪。采用激光水平仪时，先通过引测的标高控制点确定 50cm 标高面，墙板就位后在墙板面上投射出 50cm 标高线，当投射标高线与墙板面弹线重合时说明墙板达到设计标高且未出现面内倾斜；当投射标高线与墙板面弹线不重合时说明墙板标高未达到设计要求或出现面内倾斜，需要将墙板重新吊起进行标高调整。

8）进行标高调整时应首先根据墙板的标高偏差计算出所要调整的标高数值，准备好相应的垫片；然后由楼面吊装指挥人员指挥塔吊司机将墙板缓缓吊起约 5cm 的高度，使

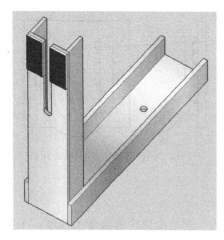

图 3-45　预制墙板就位辅助定位器

得插筋不脱出套筒，避免再次对中插入带来的不便；待墙板稳定后作业人员迅速将垫片放置在预定位置；然后再次将墙板落下并重新检查标高。

9）标高满足设计要求后应及时安装墙板斜支撑。将支撑杆与墙板上预先安装的连接件连接并卡紧，另一端与楼板连接件连接；撤除墙板就位辅助定位器，安装墙板下部斜支撑。墙板稳固后，可摘除吊钩及缆风绳。

10）调整斜支撑的长度以精调墙板的水平位置及垂直度。水平位置以楼板上弹出的墙板水平位置定位线为准进行检查；垂直度通过全站仪或经纬仪进行检查，也可以用靠尺或吊锤配合钢尺进行检查。

11）墙板位置精确调整后，紧固斜支撑连接。

8. 墙体安装精度调节

墙体的标高调整应在吊装过程中墙体就位时完成，主要通过将墙体吊起后调整垫片厚度进行。

墙体的水平位置与垂直度通过斜支撑调整。一般斜支撑的可调节长度为±100mm。调节时，以预先弹出的控制线为准，先进行水平位置的调整，再进行垂直度的调整。图3-46是墙板安装精确调节的参考示意图。

墙板安装精确调节措施如下：

1）在墙板平面内，通过楼板面弹线进行平面内水平位置校正调节。若平面内水平位置有偏差，可在楼板上锚入钢筋，使用小型千斤顶在墙板侧面进行微调。

2）在垂直于墙板平面方向，可利用墙板下部短斜支撑杆进行微调控制墙板水平位置，当墙板边缘与预先弹线重合停止微调。

3）墙板水平位置调节完毕后，利用墙板上部长斜支撑杆的长度调整进行墙板垂直度控制。

9. 灌浆施工

在装配式结构中，钢筋连接通常采用钢筋灌浆直螺纹连接接头。套筒及一侧钢筋直螺纹连接后预埋在预制墙板底部，另一侧的钢筋预埋在下层预制墙板的顶部，墙板安装时，墙顶部钢筋插入上层墙底部的套筒内，然后对连接套筒通过灌浆孔进行灌浆处理，完成上下墙板内钢筋的连接，施工流程图如图3-47所示，灌浆图如3-48所示。

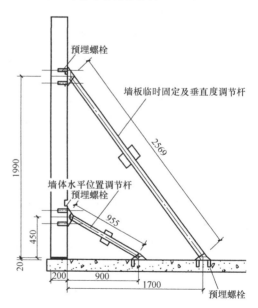

图 3-46　预制墙板安装精确调节用斜支撑

82

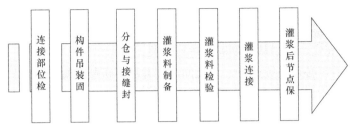

图 3-47 灌浆流程图

图 3-48 墙体灌浆

预制墙板构件宜采用连通灌浆，并合理划分连通灌浆区域；每个区域除预留灌浆孔、出浆孔与排气孔外，应形成密闭空腔，不应漏浆，如图 3-49 所示。连通灌浆区域内任意两个灌浆套筒间最大间距不宜超过 1m。当钢筋的竖向连接构件不采用连通腔灌浆方式时，构件就位前应设置可靠坐浆层，以保证灌浆套筒独立灌浆的可靠性。

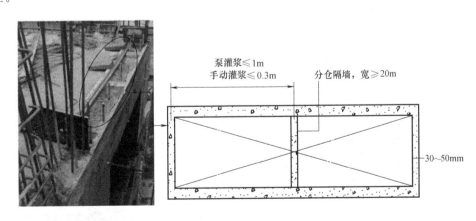

图 3-49 分仓

灌浆料拌合物的性能指标应符合表 3-3 的要求。灌浆流程及要求如下：

1）清扫楼板表面，不得有碎石、浮浆、灰尘、油污和脱模剂等杂物；灌浆前 24h，楼板表面应充分湿润；灌浆前 1h，应吸干积水。

2）推荐采用机械搅拌方式，搅拌时间一般为 1～2min，采用人工搅拌时，应先加入

2/3 的用水量拌合 2min，其后加入剩余水量搅拌至均匀（标准稠度加水量为12％～14％）。

3）浆料应从一侧灌入，直至另一侧溢出为止，以利于排出设备机座与混凝土基础之间的空气，使灌浆充实，不得从四侧同时进行灌浆。

4）灌浆开始后，必须连续进行，不能间断，并应尽可能缩短灌浆时间。

5）充填完毕后 4h 内不得移动套筒，灌浆材料充填操作结束后 1 天内不得施加振动、冲击等影响。

灌浆料性能指标　　　　　　　　　　　　　　　　　表 3-3

项　　　目		性 能 指 标
流动度	初始	≥300mm
	30min	≥260mm
抗压强度	1d	≥45MPa
	7d	≥60MPa
	28d	≥85MPa
膨胀率	24h	0.06％～0.5％
对钢筋锈蚀作用		无锈蚀
使用温度		≥5℃

灌浆可以采取专用机械（图 3-50）或者手动灌浆（图 3-51）的方式进行。

图 3-50　灌浆机

图 3-51　手动灌浆

10. 剪力墙连接

对于剪力墙之间的竖向连接，包括两片剪力墙间的平面连接与角落处的两片或多片剪力墙之间的交叉连接（包括 T 形、L 形、十字形）。通常情况下，剪力墙连接多采用现浇混凝土的连接方式。连接面中需使用抗剪键及接合钢筋。一般采用将预制构件中伸出的钢筋焊接在一起，或在预制构件中安装环状钢筋，将它们搭接在一起锚固连接，然后在接合部浇筑不低于预制混凝土设计标准强度的混凝土或砂浆。

模板的支设可采用传统木模板制作，根据现场实际尺寸加工木模板，模板固定采用对拉螺栓固定。为防止漏浆污染 PC 墙板，模板接缝处粘贴海棉条。对于墙板接缝处为了保证浇筑时不漏浆，采用挤塑板填充方式，将外侧多层板采用铅丝拉外侧的通长木方，内侧固定在现浇柱的附加钢筋上，如图 3-52 所示。

因墙体两侧有水平分布钢筋（箍筋）伸出，所以应先把箍筋按要求分布，临时安放在伸出钢筋上，把垂直钢筋从顶部逐根插下，然后再按要求绑扎固定箍筋及垂直钢筋，如图 3-53 所示。

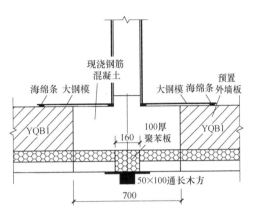

图 3-52　模板支设

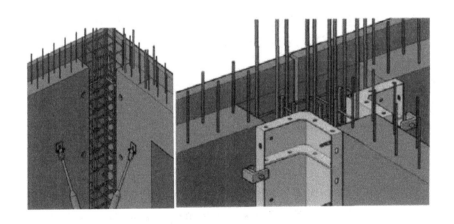

图 3-53　钢筋绑扎

3.3.2.2 叠合板安装与施工控制要点

叠合板安装与施工要点参照 3.2.3。

3.3.2.3 预制阳台板、预制空调板安装与施工控制要点

（1）安装流程

预制阳台板安装流程示意图见图 3-54。

（2）技术措施

1）熟悉设计图纸、检查核对构件编号，并标明构件吊装顺序；根据施工图纸区分阳

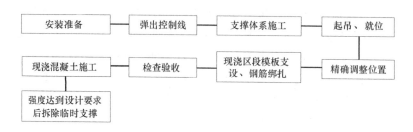

图 3-54 阳台板安装流程示意图

台的型号，确定并复核安装位置。

2）根据施工图纸将阳台的水平位置线及标高弹出，并对控制线及标高进行复核。

3）搭设阳台板支撑体系，根据阳台板的标高位置线将支撑体系的顶托调至合适位置处。为保证阳台支撑体系的整体稳定性，需要设置拉结点将阳台支撑体系与外墙板连成一体。

当采用独立支撑时应根据计算确定独立支撑间距并确保支撑体系的稳定性。

4）起吊阳台板，应采用给定的预埋吊点进行吊装，确认连接件连接牢固后缓慢起吊；待阳台板吊装至作业面上 500mm 处略作停顿，根据阳台板安装位置控制线进行安装。就位时要求缓慢放置，严禁快速猛放，以免造成阳台板震折损坏。

5）阳台板按照弹线对准安放后，利用撬棍进行微调，就位后采用 U 托进行标高调整。就位后根据标高及水平位置线进行校正。

6）进行现浇区段模板支设及钢筋绑扎作业，并做好防漏浆措施。

7）验收合格后，进行现浇混凝土浇筑作业。

（3）施工验算

阳台板安装过程中受力验算主要有如下内容：吊点吊绳的受力分析、扁担梁的受力分析、构件的抗裂验算、支撑体系的受力分析。

预制空调板的安装与施工控制要点与预制阳台板一致。

3.3.3 施工实例

上海市浦东新区民乐大型居住社区 B10-08 地块，占地面积 16750.3m²，建筑总面积 44499.95m²，共包括 4 栋装配整体式住宅楼，1 栋单建式地下车库，1 个垃圾站，2 个配电房（图 3-55）。其中 1、3、4 栋为夹心保温剪力墙结构体系，预制构件为预制夹心保温剪力墙、预制外墙挂板、预制阳台、预制楼板、预制楼梯；2 栋为密肋复合板结构体系，预制构件为预制密肋复合墙板、预制外墙挂板、预制阳台、预制楼梯。各住宅楼单体装配式技术概况见表 3-4。

根据本工程结构特点，采用外附着式塔吊进行预制构件的吊装安装施工，按楼层组织流水施工，将每一栋楼每一楼层按照抗震缝划分为Ⅰ、Ⅱ2 个流水段（图 3-56），流水段间按照结构、机电、装饰展开专业流水施工，施工吊装由远及近，由内向外，现浇节点具备钢筋安装及绑扎条件时，即刻进行钢筋绑扎及安装。

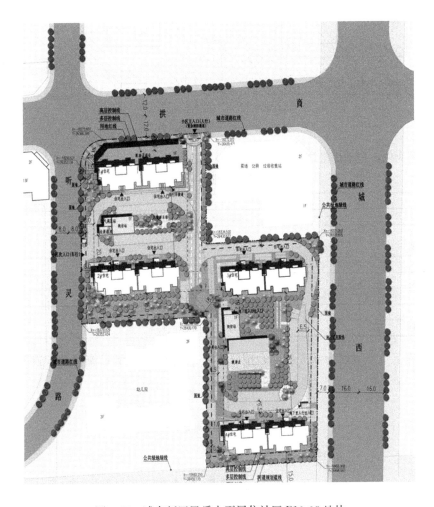

图 3-55　浦东新区民乐大型居住社区 B10-08 地块

各住宅楼单体装配式技术概况　　　　　　　　　　　　　　表 3-4

序号	号楼	结构形式	层高	层数	预制率	预制范围	预制构件种类
1	1 号楼	装配整体式剪力墙	2.8m	15 层	37.43%	2～15 层	预制剪力墙（夹心保温）、预制外挂墙板、预制叠合楼板、预制叠合阳台、预制楼梯、预制空调板
2	2 号楼	密肋复合墙板	2.8m	12 层	33.24%	1～12 层	预制密肋复合墙板、预制外挂墙板、预制叠合阳台、预制楼梯、预制空调板
3	3 号、4 号楼	装配整体式剪力墙	2.8m	17 层	39.58%	1～17 层	预制剪力墙（夹心保温）、预制外挂墙板、预制叠合楼板、预制叠合阳台、预制楼梯、预制空调板

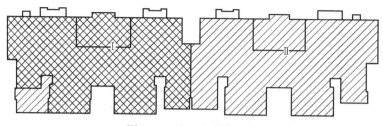

图 3-56　施工流水段划分

以 1 号楼为例，根据标准层工程量及各工序人员效率，确定人员配置及工期，详见表 3-5。

标准层工期分析表　　　　　　　　　　　表 3-5

工　作　量		人　员　效　率	人　员　配　置	工　　期
竖向构件	38 块	20min/块	8	13h
剪力墙钢筋	16t	0.8t/d	20	1d
剪力墙模板	700	20m²/d	30	1d
水平构件	78	15min/块	8	19.5h
水平模板	1400	20m²/d	30	2d
梁板钢筋	18t	0.8t/d	20	1.5d
混凝土	120m³	40m³/h	15	1d
标准层工期		工序进行穿插施工，标准层施工工期 9d		

标准层施工节点进度为 9 天一层，按照图 3-57、图 3-58 所示流程进行施工。

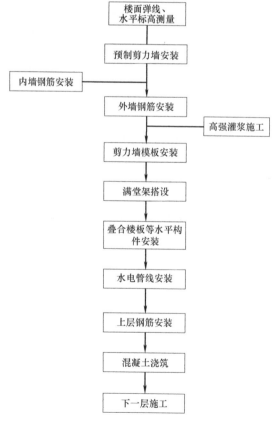

图 3-57　PC 结构施工流程图

结构弹线、混凝土养护、吊钢筋

吊竖向预制构件、钢筋绑扎

竖向预制构件继续吊装施工、钢筋继续绑扎

现场吊装模板，现浇构件支模

满堂架搭设

图 3-58　施工流程分解

顶模支设

叠合板吊装

预制阳台板等吊装、顶模支设

钢筋绑扎

叠合板钢筋绑扎

叠合板水电预埋

混凝土泵管安装

混凝土浇筑

图 3-58　施工流程分解（续）

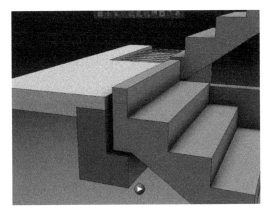

楼梯板安装

图 3-58 施工流程分解（续）

本工程预制板包括预制剪力墙、预制密肋复合墙板、预制外墙挂板、预制叠合楼梯、预制阳台、预制空调板、预制楼梯 7 种类型，每种类型又有多种型号，施工组织难度大。因此施工时需充分熟悉图纸，与设计院、深化设计单位、构件加工厂确定最终加工定型构件图纸。本工程中按照各栋单体和吊装顺序对各层各个构件单独编号，利用现有二维码技术和 BIM 技术实现构件的精确分类。同时，编制详细的预制构件施工计划，含图纸深化设计、预支构件材料采购、专用埋件定制采购、构件加工制作、构件运输堆放、构件吊装等一系列内容。尤其应注意以上所有环节均应考虑预制板的配套供应问题，这样才能够保证生产及安装的顺利进行。

本工程构件连接采用灌浆套筒连接，灌浆套筒的连接质量直接关系到工程结构的实体质量。装配式结构的预制板与结构之间存在诸多接缝，若接缝部位处理不到位，可能出现漏水、渗水等隐患，因此必须保证预制构件的节点施工质量。施工时首先要根据灌浆料使用说明，安排专人定量取料、定量加水进行搅拌，搅拌好的混合料必须在 30min 以内注入套筒。灌浆料采用进行，由注浆口逐渐充填直至排浆口，待灌浆材料溢出后用封堵注入口及排浆口。充填完毕后 40min 内不得移动橡胶塞。灌浆材料充填操作结束后 4h 内应加强养护，不得施加有害的振动、冲击等影响，对横向构件连接部位混凝土的浇灌也应在养护 1d 后进行。灌浆施工前，要求监理、甲方、劳务带班人员及我方管理人员旁站。严控各个施工环节施工质量，及时发现问题，及时解决。

预制剪力墙板为"三明治"夹心的保温体系，加工制作复杂，2 号楼密肋复合墙板为公司自主研发结构体系，现有可参考资料较少。构件加工前编制专项施工方案，并组织专家论证方案，尽量减少因施工工艺而造成损失。应用 BIM 模拟构件加工制作过程，降低返工可能。构件正式加工前，先试制多块较为复杂的"三明治"夹心预制剪力墙构件及密肋复合墙板构件，确保生产制作工艺符合要求后再进行正式施工。

3.4 外挂墙板施工技术

预制挂板属于外围护结构，不参与结构的整体受力。其与结构的连接主要通过预留钢筋或埋件的形式与梁、柱结合，连接节点应具有一定的柔性。挂板的施工有先挂法和后挂法之分，当采用先挂法时应将挂板进行精确定位与稳固支撑后进行现浇结构的钢筋绑扎、模板支设等工作，待现浇混凝土达到设计强度要求时可拆除临时支撑组件；采用后挂法时将挂板进行精确定位与稳固支撑后进行永久固定连接件的施工，然后可拆除临时固定组件。

3.4.1　施工流程

预制梁构件安装流程为：熟悉设计图纸核对编号→吊具安装→预制外挂墙板吊运及就位→安装及校正→预制外挂墙板与现浇结构节点连接→混凝土浇筑→预制外挂墙板间拼缝防水处理。

3.4.2　施工控制要点

预制挂板施工要点在于：1）预制挂板在施工现场的堆放与成品保护；2）挂板的吊装就位，涉及吊装设备、吊装次序、吊装工艺、临时支撑、连接固定等；3）先挂式挂板与现浇结构的连接节点施工；4）挂板构件接缝的处理。下面分别对这四点进行介绍：

（1）施工准备

结构每层楼面轴线垂直控制点不应少于4个，楼层上的控制轴线应使用经纬仪由底层原始点直接向上引测；每个楼层应设置1个高程控制点；预制构件控制线应由轴线引出每块预制构件应有纵横控制线2条；预制外墙挂板安装前应在墙根内侧弹出竖向与水平线，安装时应与楼层上该墙根控制线相对应。当采用饰面砖外装饰时，饰面砖竖向、横向砖缝应引测。贯通到外墙内侧来控制相邻板与板之间，层与层之间饰面砖砖缝对直；预制外墙板垂直度测量，4个角留设的测点为预制外墙板转换控制点，用靠尺以此4个点在内侧进行垂直度校核和测量；应在预制外墙板顶部设置水平标高点，在上层预制外墙板吊装时，应先垫垫块或在构件上预埋标高控制调节件。

（2）吊装

预制构件应按照施工方案吊装顺序预先编号，严格按照编号顺序起吊；外挂板吊装时采用预留吊环直接吊装，起吊前检查确定吊环与钢丝绳连接牢固方可起吊；吊装应采用慢起、稳升、缓放的操作方式，应系好缆风绳控制构件转动；在吊装过程中，应保持稳定，不得偏斜、摇摆和扭转。

预制外挂墙板吊运至安装位置后，根据楼面上的外挂墙板定位线，将预制外挂墙板缓慢下降就位，以外墙边线为准，做到外墙面顺直，墙身垂直，缝隙一致，企口缝不得错位。

（3）固定

外墙挂板底部坐浆材料的强度等级不应小于被连接构件的强度，坐浆层的厚度不应大于20mm，底部坐浆强度检验以每层为一个检验批，每工作班组应制作一组且每层不应少于3组边长为70.7mm的立方体试件，标准养护28d后进行抗压强度试验。为了防止外墙挂板外侧坐浆料外漏，应在外侧保温板部位固定50mm（宽）×20mm（厚）的具备A级保温性能的材料进行封堵。

外挂板采用上下焊接固定，吊装完毕后直接与埋件焊接固定。外挂板与主体结构之间采用焊接与螺栓连接，其中顶部采用刚接，底部采用铰接，如图3-59所示。

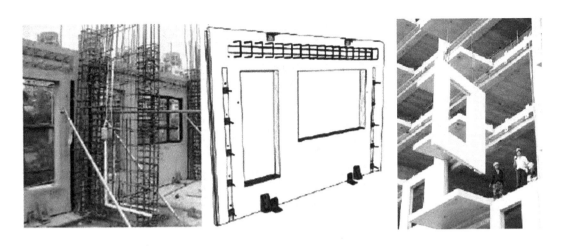

图 3-59 预制外挂墙板安装

（4）缝防水处理

预制外挂墙板间的拼缝防水处理应在混凝土浇筑完成且达到100％强度后方可进行。拼缝防水处理前应将侧壁清理干净，保持干燥；防水施工中应先嵌塞填充 PE 棒（高分子材料），再填充橡胶止水条，最后打胶密封。预制外墙挂板连接接缝采用防水密封胶施工时应符合下列规定：1）预制外墙板连接接缝防水节点基层及空腔排水构造做法应符合设计要求。2）预制外墙挂板外侧水平、竖直接缝的防水密封胶应封堵前，侧壁应清理干净，保持干燥。嵌缝材料应与挂板牢固粘结，不得漏嵌和虚粘。3）外侧竖缝及水平缝防水密封胶的注胶宽度、厚度应符合设计要求，防水密封胶应在预制外墙挂板校核固定后嵌填，先安放填充材料，然后注胶。防水密封胶应均匀顺直，饱满密实，表面光滑连续。4）外墙挂板"十"字拼缝处的防水密封胶注胶连续完成。

3.4.3 外挂墙板连接

按施工工艺分，外挂墙板又可分为先安装后现浇外挂体系和先现浇后挂板体系：

（1）先安装后现浇外挂体系

该工艺是先安装外挂墙板，外挂板上部与梁钢筋绑扎拉结，两侧边与柱钢筋绑扎拉结，再浇筑梁柱，外挂墙体不参与主体结构承重设计计算。通常外挂板重2～6t/块不等，厚度为150～180mm，宽为600～6500mm/块，高为2950mm 左右（层高－20 板厚）。户内做内保温（一般为聚苯板 EPS/XPS）。

该体系可实现外墙100％预制，整层预制率可达30％～45％，成本增量为380～500元/m²。该体系的缺点是：框架体系室内存在柱、梁，不符合客户需求。在结构受力上，预制外墙上边与梁连接，墙侧边与柱连接，墙下边与梁仅做限位连接。预制外墙对结构抗侧刚度的影响相对较大，侧连式预制外墙上边与左边侧边与梁、柱相连，抗侧作用接近于剪力墙。但由于侧连式预制外墙下面只有限位连接，不能传递力，因此其与剪力墙的刚度相比有所减弱。如在整体计算模型中建立预制外墙进行整体结构分析时，由于其与梁柱连接及对结构的影响相对复杂，使得计算设计相对较困难。先挂式挂板施工流程如图 3-60所示。

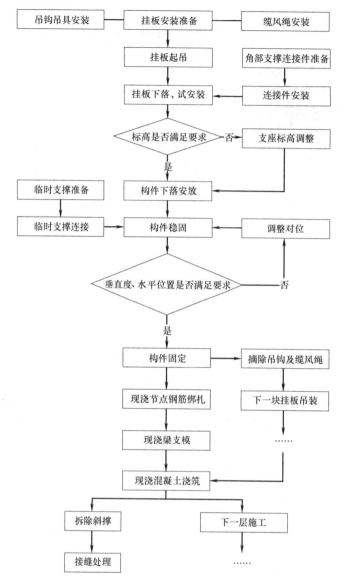

图 3-60　先挂式挂板吊装施工工艺流程

（2）先现浇后挂板的框架外挂墙板

该工艺是在现浇主体结构全部完成后，再后挂预制外墙板，最后挂玻璃幕墙板。后挂预制外墙下方与楼板之间为后浇混凝土，外挂墙板上部用角铁与主题结构相连。外墙预制可达100％，内保温体系，墙体不参与主体承重，造成大楼含钢量增加60％。这种外挂墙板也叫后挂式挂板，其施工工艺流程如图3-61所示。

体系缺点：同（1），且占用空间大，外挂墙板拼缝内的防水难处理。

体系优点：1）对规范规定的主题结构误差、构件制作误差、施工安装误差等具有三维可调剂适应能力。

2）能够满足将挂板的荷载有效传递到主体结构承载要求的同时，还可以协调主体结构层间位移及垂直方向变形的随动性。

3）对外挂板，连接件的极限温度变形具有变形吸收的能力。

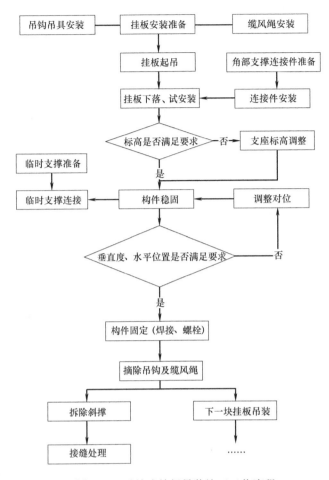

图 3-61　后挂式挂板吊装施工工艺流程

3.4.4　施工实例

深圳市职工继续教育学院新校区建设工程项目位于深圳市坪山新区，创景路以西与兰田路以南，总建筑面积 80525m² 。工程效果图如图 2-39 所示，建筑共分为 13 栋，除 2 号楼、3 号楼、11 号楼为高层建筑外，其余均为多层建筑，主要功能有：教学区、办公区、实验区、图书馆、宿舍楼等。主要结构形式为框架结构，最大跨度为 44m，局部采用预制外挂墙板。本工程 5 号、6 号、7 号、8 号、10 号、12 号楼外墙采用 PC 板新技术施工。其中 6 号、7 号、8 号、10 号外墙采用先挂式挂板，5 号楼外墙采用后挂式挂板，12 号楼外墙采用先挂式挂板与后挂式挂板相结合方式施工。

通过对拆分之后 PC 板重量进行汇总，其重量在 1.6～6.5t 之间，根据塔吊吊运能力及安全性能考虑，已超出塔吊吊运范围，故考虑主要采用 1 台 80t 履带吊、1 台 50t 履带吊进行 PC 板吊装。Ⅰ期（场地西部片区）考虑全部采用履带吊负责 5 栋、6 栋、7 栋的 PC 板吊装，一大一小两台履带吊各司其职，相互配合，同时这三栋主体结构的钢管扣件、钢筋、模板等材料也要用履带吊吊运，故施工时应安排好流水作业；Ⅱ期（场地东部片区）考虑现场布置 2 台 TC6513 塔吊主要满足 8 栋、9 栋、10 栋、11 栋、12 栋主体结构施工，兼顾少量 PC 板吊装，PC 板也是采用 1 台 80t 履带吊、1 台 50t 履带吊相互配合作业吊装；如后期视施工进度情况，再适当增加履带吊数量。

根据履带吊覆盖范围及构件重量，选定构件堆放场地，使得履带吊在不移位情况下可以完成其覆盖范围内所有构件的吊装，减少履带吊行走的工作时间消耗。根据各栋建筑的长度和宽度，履带吊按工作半径 30m 范围考虑即可满足吊装要求。80t 履带吊工作半径 30m，吊臂长度 45.75m 时，起吊重量为 4t；50t 履带吊工作半径 30m，吊臂长度 33.70m 时，起吊重量为 2.2t。各楼栋履带吊的布置点、堆场的大小和位置如图 3-62 和图 3-63 所示。

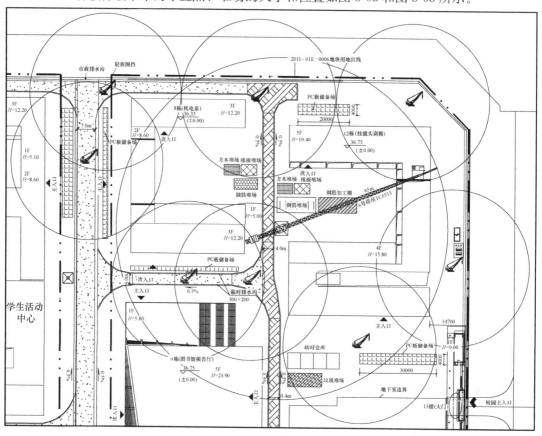

图 3-62 8 栋、12 栋履带吊及 PC 板堆场布置（图中履带吊作业半径按 30m 考虑）

先挂式挂板吊装技术措施（图 3-64、图 3-65）为：

1）构件吊装应采用慢起、快升、缓放的操作方式；

2）采用汽车吊进行挂板的吊装，根据平面布置将吊车停放在预定的位置；吊车停稳且牢固支撑后安装吊装用吊具及缆风绳，并将构件与吊臂吊钩连接；安装挂板标高调整组件并预设调节用螺栓长度；

3）起吊前，检查吊环，用卡环销紧；将构件吊起距地 50cm 停止，检查钢丝绳、吊钩的受力情况，使构件保持平稳，确保无安全隐患后吊至作业层上空；吊装时，应使吊车吊钩与预制挂板构件重心在同一竖直线上，以使构件能够平稳、竖直的上升至预定楼层；

4）上层挂板起吊前，可将其与下层构件之间高低坎接缝处的发泡聚乙烯棒粘贴于下

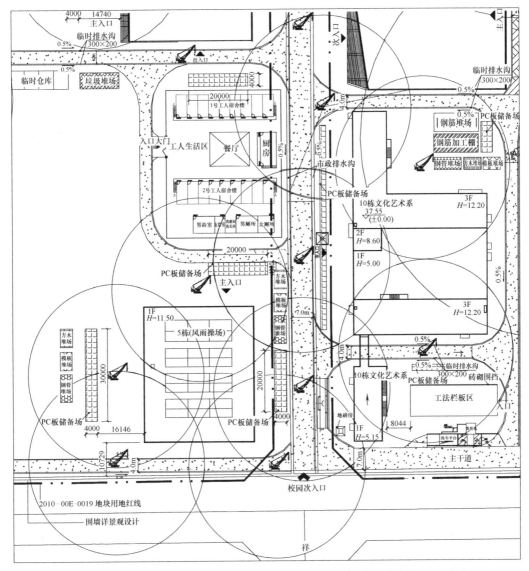

图 3-63　5栋、10栋履带吊及 PC 板堆场布置（图中履带吊作业半径按 30m 考虑）

层构件设计位置处，方便构件就位后的接缝处理；挂板与下层结构临时连接的限位件提前安装到位，方便挂板构件就位；

5）挂板构件吊装至预定位置上空约 50cm 处时略作停顿，安装操作人员牵引缆风绳引导构件就位，并可手扶构件进行方向调整；将挂板构件控制弹线与楼面处控制线对准，缓缓将构件下落；

6）挂板限位螺栓进入下层结构限位件且标高调节螺栓与下层预埋钢板接触后，查看挂板上标高控制线与结构引测的标高控制线是否齐平，若不平须将挂板吊起，调节标高控制螺栓后再次将挂板放下并与结构标高控制线对比，若仍不平则重复前述调节直至标高达到要求；

7）将限位螺栓卡入下层限位件，安装垫片并拧紧螺帽；通过水平位置调节组件调节构件的水平位置；安装斜支撑，并调节斜支撑调整挂板构件的垂直度；

8）当构件的水平位置及垂直度达到设计要求时复查限位螺栓与斜支撑，确保连接牢固、安全可靠；

9）此时可摘除吊钩及缆风绳，进行下一构件的吊装；

10）支设现浇梁底模，绑扎现浇梁钢筋后支设侧模，浇筑现浇混凝土结构；

11）现浇结构强度达到设计要求时安装永久固定组件，拆除斜支撑与临时固定组件；

12）结构施工完成后进行挂板板缝处理。

图 3-64　先挂式挂板安装作业

图 3-65　挂板标高调整作业

先挂式挂板的临时支撑体系由角部水平约束、角部竖向约束、斜支撑组成，均可循环利用。

角部水平约束即挂板就位时的水平调节组件，当挂板水平位置调整至设计位置时拧紧螺栓组，即可限制挂板的水平移动（图 3-66（a））；角部竖向约束即就位时的标高调节组件，当挂板标高调整至设计标高时，调节用螺栓与下部预埋钢板接触并承担挂板重力荷载，此时标高调节组件即限制了挂板的竖向移动（图 3-66（b））。

斜支撑采用钢管支撑，在挂板上预留螺栓套筒，墙板就位过程中标高调整至设计标高后安装斜支撑。斜支撑与挂板连接件可在挂板吊装前预先安装、拧紧并调整角度，在安装斜支撑时仅安装支撑杆即可。斜支撑与楼板连接件应在挂板吊装前放线、安装完毕。斜支撑安装后调节支撑杆的长度以调节挂板的垂直度。斜支撑见图 3-67，安装图见图 3-68。

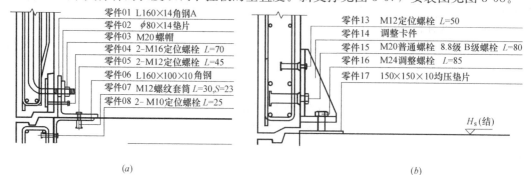

零件01　L160×14角钢A
零件02　φ80×14垫片
零件03　M20螺帽
零件04　2-M16定位螺栓 L=70
零件05　2-M12定位螺栓 L=45
零件06　L160×100×10角钢
零件07　M12螺纹套筒 L=30,S=23
零件08　2-M10定位螺栓 L=25

零件13　M12定位螺栓 L=50
零件14　调整卡件
零件15　M20普通螺栓　8.8级 B级螺栓 L=80
零件16　M24调整螺栓 L=85
零件17　150×150×10均压垫片

H_s(结)

（a）

（b）

图 3-66　先挂式挂板角部约束

（a）先挂式挂板角部水平约束；（b）先挂式挂板角部竖向约束

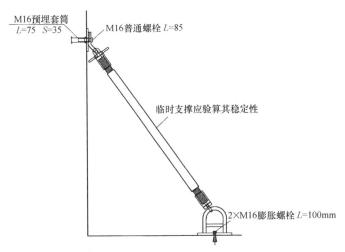

图 3-67 先挂式挂板斜支撑

图 3-68 先挂式挂板临时支撑体系安装作业图

后挂式挂板吊装基本可采用先挂式挂板吊装技术措施，其主要不同之处为：

1）后挂式整间板

① 构件吊装前将标高调整卡件与挂板预埋钢板焊接，并预设调节用螺栓长度；在预埋套筒内拧入调节用双头螺栓；

② 在结构上将连接件位置进行精确定位，并用膨胀螺栓将连接件安装在结构构件上；

③ 挂板构件吊装至预定位置外侧约 50cm 处时略作停顿，安装操作人员牵引缆风绳引导构件就位，并可手扶构件进行方向调整；将挂板构件缓缓牵引使双头螺栓进入连接件凹槽内；

④ 将构件略微下落使标高调节螺栓与下层预埋钢板接触后，查看挂板上标高控制线与结构引测的标高控制线是否齐平，若不平须将挂板吊起，调节标高控制螺栓后再次将挂板放下并与结构标高控制线对比，若仍不平则重复前述调节直至标高达到要求；

⑤ 通过水平位置调节用螺栓调整构件的水平位置及垂直度，通过靠尺测量保证构件的外表面与下层构件及柱的外表面齐平，使得外表面平整度及垂直度达到设计要求；

⑥ 安装永久固定用连接件；

⑦ 摘除吊钩及缆风绳，进行下一构件的吊装；拆除临时固定用连接件以供循环利用。

2）后挂式横条板

① 构件吊装前将标高调整卡件与挂板预埋钢板焊接，在预埋套筒内拧入调节用螺栓，并预设螺栓长度；

② 在结构上将连接件位置进行精确定位，并用膨胀螺栓将连接件安装在结构构件上；

③ 挂板构件吊装至预定位置外侧约50cm处时略作停顿，安装操作人员牵引缆风绳引导构件就位，并可手扶构件进行方向调整；将挂板构件缓缓牵引使结构梁上角钢预埋件进入挂板上凹槽内；

④ 将构件略微下落使标高调节螺栓与角钢预埋件接触后，查看挂板上标高控制线与结构引测的标高控制线是否齐平，若不平须将挂板吊起，调节标高控制螺栓后再次将挂板放下并与结构标高控制线对比，若仍不平则重复前述调节直至标高达到要求；

⑤ 安装斜支撑；通过水平位置调节用螺栓及斜支撑调整构件的水平位置及垂直度，通过靠尺测量保证构件的外表面与下层构件及柱的外表面齐平，使得外表面平整度及垂直度达到设计要求；

⑥ 安装永久固定用连接件；

⑦ 摘除吊钩及缆风绳，进行下一构件的吊装；拆除斜支撑及临时固定用连接件以供循环利用。

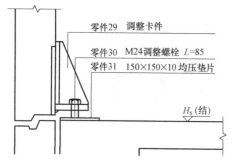

图3-69 后挂式整间板角部竖向约束

后挂式整间板的临时支撑体系由角部水平约束、角部竖向约束、梁底水平约束组成。

后挂式整间板的角部竖向约束采用先挂式板的组件形式，在构件就位过程中起到竖向临时支撑的作用，在安装过程结束后作为永久性竖向支撑使用。因此应与挂板预埋钢板焊接（图3-69）。

后挂式整间板的角部水平约束与梁底水平约束采用相同的组件（图3-70）。安装前应双头螺栓拧入挂板上的预埋套筒内，并通过两个螺母调整墙板的水平位置；挂板就位后拧紧螺母，可提供挂板的水平约束。其余楼板或梁的连接件应在挂板吊装前预先安装。

后挂式横条板的水平约束在角部采用与后挂式整间板相同的组件，在构件上部采用斜支撑。斜支撑形式与先挂式挂板相同，但支撑杆长度不同。

后挂式横条板的竖向约束采用图3-71所示组件提供。该组件在构件就位过程中起到临时竖向支撑的作用，构件就位后作为永久竖向支撑使用。

先挂式挂板由于采用现浇混凝土连接，因此需特别关注节点的施工，主要有如下几个问题：

（1）模板支设

挂板安装完成后从楼层标高控制点引测控制线，并在挂板上弹线对现浇梁进行定位，根据定位线支设现浇梁底模板。现浇梁一侧模板由挂板代替，另一侧模板在梁钢筋绑扎束后采用对拉螺杆固定于挂板预埋螺栓套筒。

板下支撑按照现浇结构做法支设。

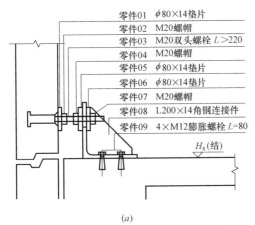

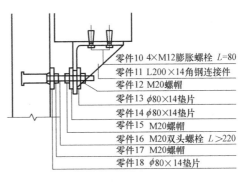

零件01 φ80×14垫片
零件02 M20螺帽
零件03 M20双头螺栓 L>220
零件04 M20螺帽
零件05 φ80×14垫片
零件06 φ80×14垫片
零件07 M20螺帽
零件08 L200×14角钢连接件
零件09 4×M12膨胀螺栓 L=80

零件10 4×M12膨胀螺栓 L=80
零件11 L200×14角钢连接件
零件12 M20螺帽
零件13 φ80×14垫片
零件14 φ80×14垫片
零件15 M20螺帽
零件16 M20双头螺栓 L>220
零件17 M20螺帽
零件18 φ80×14垫片

H_s(结)

(a)　　　　　　　　　　　(b)

图 3-70　后挂式整间板水平约束

(a) 角部水平约束；(b) 梁底水平约束

（2）钢筋绑扎

先挂式挂板就位且固定后，进行现浇梁的钢筋绑扎。

钢筋绑扎时梁箍筋与预制挂板预留封闭箍筋若有碰撞则将梁箍筋进行适当偏移；钢筋绑扎时应将上层挂板临时及永久固定用埋件进行精确定位并与下层挂板或梁钢筋连接固定，避免出现因定位不准导致上层挂板无法安装就位的情况。

（3）防漏浆措施

梁底模与挂板连接处可能出现因存在缝隙导致漏浆的情况，因此需要进行防漏浆处理。

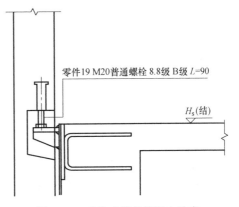

零件19 M20普通螺栓 8.8级 B级 L=90

H_s(结)

图 3-71　后挂式横条板竖向约束

在支设梁底模的时候，预先在挂板上底模对应位置粘贴防漏浆胶条，将底模顶紧挂板并将对拉螺杆拧紧。

在现浇梁高度处的板缝处，应在挂板安装完成后粘贴防漏浆胶带（参考图 3-72），封堵相邻挂板之间缝隙，避免现浇梁浇筑时板缝处漏浆。

在挂板顶部与楼板齐平位置处，可能因混凝土溢出导致挂板外立面收到污染，因此也需要进行防漏浆处理。可以采用在挂板顶部粘贴胶条并安装铁皮的方式防止该处漏浆，见图 3-73。

预制挂板接缝应按照设计图纸进行防水及耐火接缝做法施工，见图 3-74～图 3-77。

接缝处理应在结构施工结束后进行作业。作业前应将缝内清理干净，如有破损应先行用专用修补材料修理硬化。

挂板室外侧 30mm 发泡聚乙烯棒可在挂板吊装时预先粘贴，接缝处理时以发泡聚乙烯棒作为靠材在外侧打建筑密封胶。打胶时为避免密封胶污染板面，应在板缝两侧粘贴美纹纸或房屋胶条。密封胶填缝时应保证挂板十字缝处 300mm 范围内水平缝和垂直缝一次完成，保证胶缝厚度尺寸、板缝粘接质量及胶缝外观质量满足要求。

挂板室内侧可填塞遇水膨胀止水条，并用钢尺严格控制填塞深度；然后进行耐火接缝材料作业。

图 3-72　先挂式挂板现浇梁高度处板缝防漏浆措施

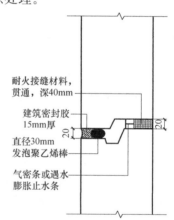

厚度2mm白铁皮　　厚3mm胶皮

图 3-73　先挂式挂板顶部防漏浆措施

板缝防水施工须做到72h内保持板缝处于干燥状态，禁止气温低于5℃或雨天进行板缝防水施工。

接缝及节点连接处的露明铁件应做防腐处理，对于焊接处镀锌层破坏部位必须涂刷三道防腐涂料防腐，有防火要求的铁件应采用防火涂料喷涂处理。

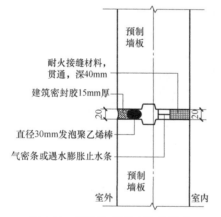

图 3-74　预制挂板垂直接缝做法

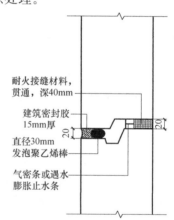

图 3-75　预制挂板水平接缝做法

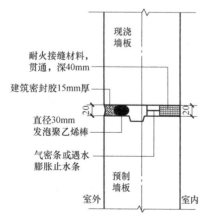

图 3-76　预制挂板与结构交接处
垂直缝节点构造

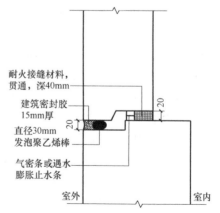

图 3-77　预制挂板底部与结构交接处
水平缝节点构造

第4章 装配式混凝土结构构件制作

本章学习要点：

了解装配式结构构件制作的基本规定和生产模式，掌握预制构件的制作工艺，掌握预制构件的验算，了解构件运输与存放方法。

装配式预制混凝土构件的制作质量直接决定了装配式结构的整体质量。本章将就构件的生产模式、构件材料与配件、构件加工与制作以及构件存放与保护进行详细介绍。

4.1 基本规定

装配式预制混凝土构件生产应在工厂或符合条件的现场进行。根据场地的不同、构件的尺寸、实际需要等，分别采取固定模位法、流水生产线等生产模式进行预制生产，并且生产设备应符合相关行业技术标准要求。根据《装配式混凝土结构技术规程》JGJ 1—2014 规定，装配式混凝土结构的构件制作需要遵循以下基本规定：

（1）预制构件制作单位应具备相应的生产工艺设施，并应有完善的质量管理体系和必要的试验检测手段。制作单位应符合国家及地方有关部门规定的硬件设施、人员配置、质量管理体系和质量检测手段等规定。

（2）预制构件制作前，应对其技术要求和质量标准进行技术交底，并应制定生产方案；生产方案应包括生产工艺、模具方案、生产计划、技术质量控制措施、成品保护、对方及运输方案等内容。如预制构件制作详图无法满足制作要求，应进行深化设计和施工验算，完善预制构件制作详图和施工装配详图。

（3）预制构件用混凝土的工作性应该根据产品类别和生产工艺要求确定，构件用混凝土原材料及配合比设计应符合国家现行标准《混凝土结构工程施工规范》GB 50666、《普通混凝土配合比设计规程》JGJ 55 和《高强混凝土应用技术规程》JGJ/T 281 等的规定。

（4）预制结构构件采用钢筋套筒灌浆连接时，应在构件生产前进行钢筋套筒灌浆连接接头的抗拉强度试验、每种规格的连接接头试件数量不应少于 3 个。此条为规范的强制性条文。

（5）预制构件用钢筋的加工、连接与安装应符合国家现行标准《混凝土结构工程施工规范》GB 50666 和《混凝土结构工程施工质量验收规范》GB 50204 等的有关规定。

4.2 预制构件的生产模式

根据场地条件、构件的尺寸要求、实际工程需求等情况，预制构件的生产可以采用不同的生产模式。目前，比较通用的预制构件的生产模式主要包括固定模位生产模式、流水线生产模式、数字化移动生产模式以及长线台座式生产模式。不管采用何种生产模式，预制混凝土构件的生产单位必须能够满足设计及施工上的各种质量要求，并具有相应的生产和质量管理能力。

4.2.1 固定模位生产模式

固定模位生产模式是在同一地点进行模板组装、钢筋布置、混凝土浇筑及加热养护。大多数固定模位生产模式采用固定式台座，如图 4-1 所示。但也有将台座倾斜 70°~80°进行脱模作业的倾斜作业方式或者将台座旋转 90°两次浇筑 T 形构件混凝土的旋转作业方式。

固定模位生产模式生产线是预制构件生产线中历史最悠久的一种生产工艺。其优点是可生产构件重量大；操作应用灵活、可调整性较强；每个工序是独立的，不会因为相邻工位出现问题后暂停而受到影响；而且设备投资相对较少。但其缺点是劳动力资源不能够充分利用，场地有限；生产效率相对较低。固定生产线上某些局部工作站也是高自动化运转的，比如墙板自动翻转机等。固定模板台底下可以安装加热和振捣装置等。

图 4-1 固定模位生产模式

4.2.2 流水线式生产模式

流水线式生产模式将施工人员和混凝土的浇筑位置固定，用挤压方式使台座移动。生产线从平台清理、画线、装边模、喷油、摆渡、布料、振捣、表面整平到养护、磨平、养护、脱模等生产工序，全部采用自动生产为主，手动为辅的控制方式进行操作，如图 4-2 所示。

流水线式的生产模式是一种先进工业化的生产方式，优点是能够充分利用劳动力资源，有利于大量主适合大规模生产；生产效率比较高，能够得到有效调控；由于流水线作业定岗定位制，所以就减少了操作时的动作浪费；产品的流动、翻身都不需要吊车的协助，提高了生产效率。缺点是不适合生产形状大小各不相同、种类各异的构件以及立体构件或大型构件；员工对全局了解不多，只是对本工位的技能比较熟练；生产订单需要稳定，才能保证流水线正常生产；一次性投资相对较高，成本大。

4.2.3 数字化移动生产模式

近年来，为了减小构件的尺寸或降低运输费用，人们越来越多地通过数字化移动生产

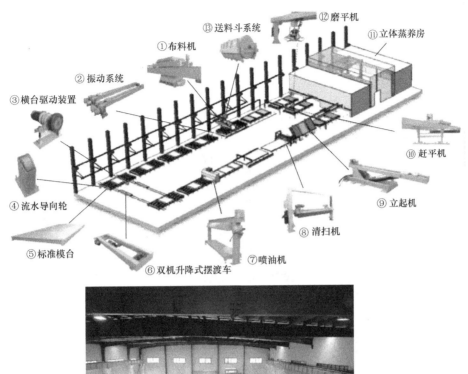

① 布料机　② 振动系统　③ 横台驱动装置　④ 流水导向轮　⑤ 标准模台　⑥ 双机升降式摆渡车　⑦ 喷油机　⑧ 清扫机　⑨ 立起机　⑩ 赶平机　⑪ 立体蒸养房　⑫ 磨平机　⑬ 送料斗系统

图 4-2　流水线生产模式

模式，在施工现场或临近位置设置工厂或设备为一些特定工程生产装配式构件，如图 4-3 所示。这种移动生产模式又分为在某地单独设置并拆除的现场工厂模式和使用后继续将工厂设备迁移到其他施工现场的移动式工厂模式。

数字化移动生产模式无需固定的场地，构件厂可以实现跟着项目走，设厂机动性高。预制可因地制宜，只需现场有一块空地就可于现地预制。所有设备包括垫层都采用可搬迁可移动方式设厂，如同蒙古的蒙古包游牧方式，搬迁后不影响现场原有土地。此种生产模式构建了一种可重组系统。其基本思想为，依据实际要求迅速组成适合的生产系统，从而以最短的系统调整时间、最佳的经济效益、最小的设备费用完成新的生产任务。

移动工厂原则上要具有相当于固定工厂的设备，但实际上只要具有制造某种特定构件所需的设备即可。在施工现场内设置生产工厂时，可以用大型机械把构件从生产地点或附近的存放地点直接运输到建筑物的指定位置。

此种生产模式包括诸多优点，包括：（1）设厂机动性高，预制可因地制宜，只需现场有一块空地就可于现场预制；（2）生产模式比较简易，不需要如同固定工厂类似的长距离运输，所以可以生产大型构件；（3）不做临时性硬铺面，采用可回收的预制板；储存区采用可回收的预制枕板；（4）运输费极少，属小搬运；（5）无增值税，自办工程，无外买构件；（6）建材使用效率高、精简。然而，目前此类生产线产能还较小，自动化程度较低。考虑到运输成本等问题，移动生产模式将会是今后预制构件生产的一个主要发展方向。

图 4-3　数字化移动生产模式

4.2.4　长线台座式生产模式

长线台座式生产模式就是按照设计的构件线型，将所有的块件在一个长台座上一块接着一块的匹配预制，使两块间形成自然匹配面。适用于生产厚度较小的构件和先张法预应力钢筋混凝土构件，如预应力与非预应力空心楼板、槽形板、T形板、工形板、小桩、小柱等。长线台座工艺除配备预应力张拉台座和成型设备外，再以起重、混凝土输送、拉丝等机械配套，即可组成一条比较完整的生产线。台座一般长 100～180m，用混凝土或钢筋混凝土灌筑而成。长线台座式生产模式不仅适用于作为生产各种混凝土构件的流动性临时生产场地，也适合于作为永久性的混凝土预制基地，可以在室内，也可以在室外建场建线，在较大的灵活性。

长线台座式生产模式具有以下优点：（1）占地面积小；（2）设备简单、配套机械少、成本低、便于维修保养、投资省；（3）生产流程简易、操作智能化、方便快捷；（4）自动化程度高，人员配置少、效率高；（5）合理的养护措施，有利于能源节约，是一种经济实用的生产形式。如图 4-4 所示的预应力 T 板生产线，通过生产一次张拉，可以完成 4 块双 T 板生产，大大减少了张拉次数。

图 4-4　长线台座式生产模式

4.3　预制构件制作工艺

　　预制混凝土构件生产应当在工厂或符合条件的现场进行。根据场地的不同、构件的尺寸、实际需要等情况，分别采用流水生产线，固定台模法预制生产，并且生产设备应符合相关行业的技术标准要求。构件生产企业应根据构件制作图进行预制混凝土构件的制作，并应根据预制混凝土构件型号、形状、质量等特点制定相应的工艺流程，明确质量要求和生产各阶段质量控制要点，编制完整的构件制作计划书，对预制构件生产全过程进行质量管理和计划管理。预制混凝土构件堆场示意图见图 4-5。

图 4-5　预制混凝土构件堆场示意图

4.3.1　预制构件生产的工艺流程

　　预制构件生产的通用工艺流程见图 4-6。夹心保温墙板、剪力墙、预制梁、预制柱、楼梯等生产工艺流程见图 4-7～图 4-11。

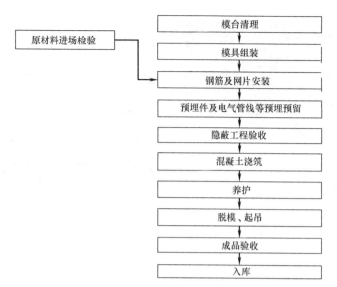

图 4-6 预制构件生产的通用工艺流程

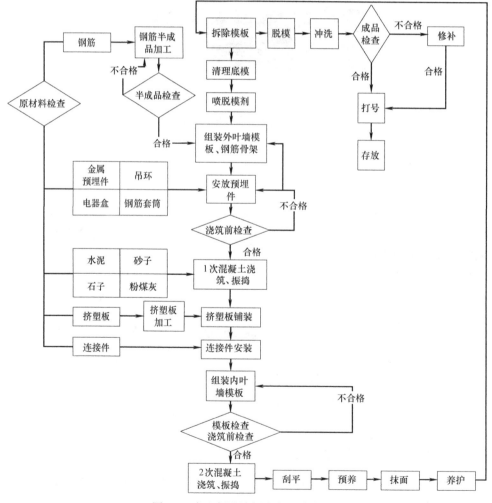

图 4-7 夹心保温墙板生产工艺流程图

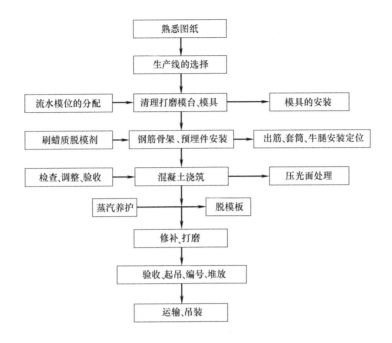

图 4-8 剪力墙生产工艺流程图

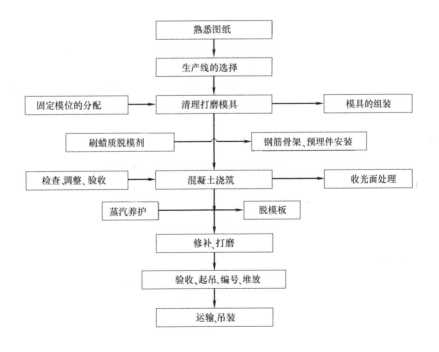

图 4-9 梁生产工艺流程图

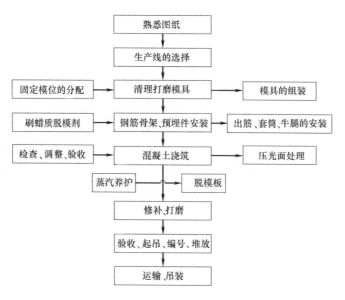

图 4-10　柱子施工工艺流程图

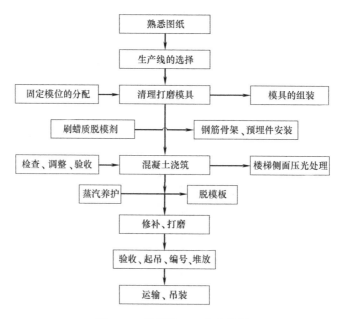

图 4-11　楼梯施工工艺流程图

4.3.2　预制构件制作生产模具的组装

（1）模具组装应按照组装顺序进行，对于特殊构件，要求钢筋先入模后组装。

（2）模具拼装时，模版接触面平整度、板面弯曲、拼装缝隙、几何尺寸等应满足相关设计要求。

（3）模具拼装应连接牢固，缝隙严密，拼装时应进行表面清洗或涂刷水性或蜡质脱模剂，接触面不应有划痕、锈渍或氧化层脱落等现象。

（4）模具组装完成后尺寸允许偏差应符合要求，净尺寸宜比构件尺寸小 1～2mm。预制构件生产示意图见图 4-12。

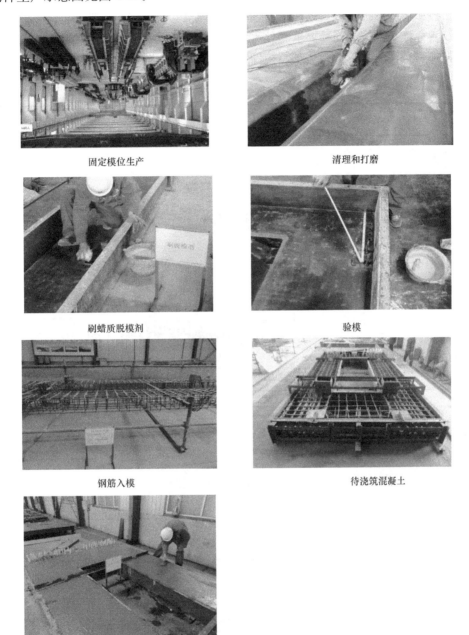

固定模位生产

清理和打磨

刷蜡质脱模剂

验模

钢筋入模

待浇筑混凝土

混凝土面层压光

图 4-12 预制构件生产示意图

4.3.3 预制构件钢筋骨架，钢筋网片和预埋件

钢筋骨架，钢筋网片和预埋件必须严格按照构件加工图及下料单要求制作。首件钢筋制作，必须通知技术，质检及相关部门检查验收，制作过程中应当定期，定量检查，对于

不符合设计要求及超过允许偏差的一律不得使用，按废料处理，纵向钢筋（带灌浆套筒）及需要套丝的钢筋，不得使用切断机下料，必须保证钢筋两端平整，套丝长度、丝距及角度必须严格按照设计图纸要求，纵向钢筋（采用半灌浆套筒）按产品要求套丝，梁底部纵筋（直螺纹套筒连接）按照国标要求套丝，套丝机应当指定专人且有经验的工人操作，质检人员须按照有关规定进行抽验。预制构件及生产模具示意图见表4-1。

预制构件及生产模具示意图 表4-1

构件名称	构件参考图片	组合式模具参考图片	所属流水线
墙板			流水传送生产线；标准模台需扣槽＋墙板边模
楼梯			固定模位生产；组合式楼梯模板（休息平台可调）
梁			固定模位生产；组合式梁模具（梁截面、长度可调）
柱			固定模位生产；组合式柱模具
平板类墙板			流水传送生产线；标准模台＋墙板边模

构件名称	构件参考图片	组合式模具参考图片	所属流水线
平板梁			流水传送生产线;标准模台+梁板边模

4.3.4 预制构件混凝土的浇筑

按照生产计划混凝土用量搅拌混凝土,混凝土浇筑过程中注意对钢筋网片及预埋件的保护,浇筑厚度使用专门的工具测量,严格控制,振捣后应当至少进行一次抹压。构件浇筑完成后进行一次收光,收光过程中应当检查外露的钢筋及预埋件,并按照要求调整。浇筑时,洒落的混凝土应当及时清理。浇筑过程中,应充分有效振捣,避免出现漏振造成的蜂窝麻面现象,浇筑时按照实验室要求预留试块。混凝土浇筑时应符合下列要求:

(1)混凝土应均匀连续浇筑投料高度不宜大于500mm;

(2)混凝土浇筑时应保证模具、门窗框、预埋件、连接件不发生变形或者移位,如有偏差应采取措施及时纠正;

(3)混凝土宜采用振动平台,边浇筑、边振捣,同时可采用振捣棒、平板振动器作为辅助;

(4)混凝土从出机到浇筑时间即间歇时间不宜超过40分钟。

4.3.5 预制构件混凝土的养护

混凝土在浇筑完之后,为了确保脱模强度,一般采用蒸汽加热掩护方式对混凝土进行养护。同时,还需要根据构件的形状,通过增加薄钢板等改善养护方式以防止蒸汽泄露。

另外,柱等大体积混凝土构件中,有时由于使用早强混凝土不需要加热养护。如果强行进行加热养护,由于托架内部的温度上升反而会降低混凝土强度,这一点要特别注意。

混凝土养护可采用覆盖浇水和塑料薄膜覆盖的自然养护、化学保护脱养护和蒸汽养护方法。梁、柱等体积较大的预制混凝土构件宜采用自然养护方式;楼板、墙板等较薄的预制混凝土构件或冬期生产的预制混凝土构件,宜采用蒸汽养护方式。预制构件采用加热养护时,应制定相应的养护制度,预养时间宜为1周,升温速率应为10~20℃/h,降温速率不应大于10℃/h,梁、柱等较厚的预制构件养护温度为40℃,楼板、墙板等较薄的构件养护最高温度为60℃,持续养护时间应不小于4h。

预制梁的养护如图4-13所示。

4.3.6 预制构件的脱模与表面修补

构件的脱模作业就是拆卸组装的模板,但是栏杆等较高模版拆卸后容易倒塌,所以要注意安全,做好防范措施。

图 4-13 预制梁的养护

（1）构件脱模应严格按照顺序拆模，严禁使用振动、敲打方式拆模；构件脱模时应仔细检查确认构件与模具之间的连接部分完全拆除后方可起吊；起吊时，预制构件的混凝土立方体抗压强度应满足设计要求，且不应小于 15 N/mm²。

（2）构件起吊应平稳，楼板宜采用专用多点吊架进行起吊，墙报宜先采用模台翻转方式起吊，模台翻转角度不应小于 75°，然后再采用多点起吊方式脱模。复杂构件应采用专门的吊架进行起吊。

（3）构件脱模后，不存在影响结构性能、钢筋、预埋件或者连接件锚固的局部破损和构件表面的非受力裂缝时，可用修补浆料进行表面修补后使用。构件在预制、运输及吊装过程中难免出现表面缺陷和磕碰缺棱掉角现象，这样的构件也不可能报废，这时就涉及构件的修补，修补完后不仅要保证与原有混凝土饰面颜色统一，还必须牢固。

修补材料：修补剂、108 建筑胶、钛白粉按照一定的比例，掺合白水泥、黑水泥，根据混凝土的色差，利用自制染料调和颜色。

修补工艺：基层处理、清水湿润、修补剂修补、混凝土调色处理、质量验收。

预制构件修补工艺如图 4-14 所示。

按一定比例加入钛白粉和水泥

加入108建筑胶

加水

搅拌过程一

图 4-14　预制构件修补工艺

搅拌过程二

修补浆料完成

修补

图 4-14　预制构件修补工艺（续）

4.4　预制构件验算

《装配式混凝土结构技术规程》JGJ 1—2014 规定：

预制构件在翻转、运输、吊运、安装等短暂设计状况下的施工验算，应将构件自重标准值乘以动力系数后作为等效静力荷载标准值。构件运输、吊运时，动力系数宜取 1.5；构件翻转及安装过程中就位、临时固定时，动力系数可取 1.2。

预制构件进行脱模验算时，等效静力荷载标准值应取构件自重标准值乘以动力系数后与脱模吸附力之和，且不宜小于构件自重标准值的 1.5 倍。动力系数与脱模吸附力应符合下列规定：

（1）动力系数不宜小于 1.2；

（2）脱模吸附力应根据构件和模具的实际状况取用，且不宜小于 $1.5kN/m^2$。

4.4.1　脱模验算

水平起吊脱模如图 4-15 所示。

（1）构件脱模采用专用吊具，保证墙板背面 4 个吊母均匀受力，由于构件的尺寸较大，脱模吸附力不宜大于 300Pa，混凝土强度须达到设计强度 80% 以上方可脱模起吊。

（2）蒸养降温后应及时拆模起吊，不得隔天进行。

图 4-15　水平起吊脱模

（3）构件起吊前，应确认所有连接点已经断开，尤其是预埋件处理到位，防止构件拉伤或磕碰。

（4）模板的拆除顺序按模板设计要求进行，各紧固件依次拆除后，应轻轻将模板撬离墙体，并注意对拉螺栓孔眼的保护。

（5）必须在确认模板与混凝土结构之间无任何连接后，方可起吊模板，且不得碰撞混凝土成品。

（6）起吊之前，检查吊具及钢丝绳是否存在安全隐患（尤其是双 T 板吊具和双侧牛腿墙体的吊具要重点检查），如有问题不允许使用，及时上报。

（7）检查吊点、吊耳及起吊用的工装等是否存在安全隐患（尤其是焊接位置是否存在裂缝）。吊耳工装上的螺栓要拧紧（特别是门字形 YQB1 系列墙板使用的加固工装螺栓一定要拧紧），不允许漏放。

（8）起吊指挥人员要与吊车配合好，保证构件平稳、水平起吊，不允许发生磕碰。对重型构件（比如双 T 板、大型墙板）起吊时，要保证两台吊车同步起吊。

（9）起吊后的构件放到指定的构件冲洗区域，下方垫 300mm×300mm 木方，保证构件平稳，不允许磕碰。

（10）起吊工具、工装、钢丝绳等使用过后要存放到指定位置，妥善保管，不允许丢失，出现丢失情况由起片班组自行承担。

（11）每周必须拿到设备物资部出具的吊具、吊耳合格通知单方可使用。

（12）加工专用的构件翻身架便于构件的翻身，在构件翻转前，应在转轴边构件下垫有弹性的软垫（例如：20mm 以上的橡胶垫、轮胎等），翻转时，吊绳的提升速度与电葫芦（或大车）的行走速度相匹配，避免构件被拖拉或产生很大的颤动。

4.4.2　吊装验算

预制构件的吊装施工方案应结合设计要求，考虑构件的类型、构件的应力控制水平、机械设备的起吊能力、构件的安放位置等因素，具体确定吊点位置、吊具设计、吊装方法及顺序、临时支架方法，并进行验算。根据施工规范，为保证预制构件吊装过程的安全，应根据预制构件形状、尺寸、重量和作业半径等要求选择吊具和起重设备，所采用的吊具和起重设备及其施工操作，应符合国家现行有关标准及产品应用技术手册的有关规定；应采取措施保证起重设备的主钩位置、吊具及构件重心在竖直方向上重合；吊索与构件水平夹角不宜小于 60°，不应小于 45°；吊装过程应平稳，不应有大幅度摆动，且不应长时间悬停；应设专人指挥，操作人员应位于安全位置。从构件在空中的位置，可把吊装分为平吊、直吊和翻转等。

竖向起吊安装如图 4-16 所示。

（1）平吊

图 4-16　竖向起吊安装

　　构件平吊指构件的轴线或中面在吊装过程中保持水平状态。结构中水平构件大多采用平吊方式吊装，如叠合板、预制梁等，而预制墙板、预制柱、预制桩等竖向构件在脱模起吊或运输装卸时也会采用平吊方式。构件平吊的关键是确定吊点位置，应考虑吊点位置能保证构件混凝土应力或钢筋应力在限制范围之内。对于叠合梁和叠合板的预制部分，往往只在梁底和板底配置有纵向钢筋，因此应严格控制吊装时负弯矩的大小，使构件上表面不得开裂。对于预制柱、预制桩，大多是对称配筋，且水平吊装时的受力与构件最终受力状态有很大区别，因此一般根据正、负弯矩相等的原则确定吊点位置。对于几何非对称或有凸出截面的构件，往往需要增加附加吊点或辅助吊线，以使吊装阶段可获得均匀的支点力。可采用"紧线器"作为辅助吊线，见图 4-17（a）；如果构件中有小的横截面或大的悬臂端，需要设置钢结构"吊装靠梁"以提高这些区域的强度，见图 4-17（b）。

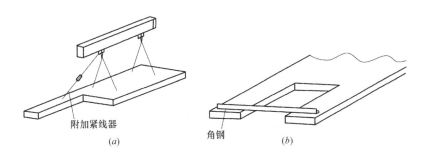

图 4-17　构件吊装加强措施
（a）附加吊点；（b）悬臂端增加靠梁

　　（2）构件翻转吊和直吊

　　平躺制作、运输、堆放的竖向构件，如墙板、柱、剪力墙、桩等，在施工现场需要将其翻转、扶正并进行垂直吊装、就位。根据构件的尺寸、形状以及吊装设备的能力等确定翻转起吊方式。对于墙板，常用的翻转起吊的方式如图 4-18 所示。翻转起吊时，支点端可以设置砂垫以对构件加以保护。构件的翻转扶直是一个复杂的施工作业，在国外，对于大型预制构件，如多层预制外墙板等，翻转扶直往往由专业公司来完成。预制墙板吊装示意见图 4-18。

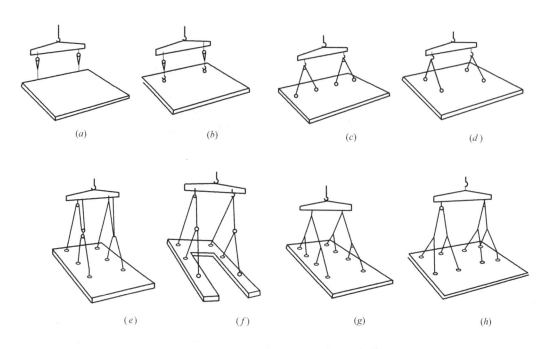

(a) (b) (c) (d)

(e) (f) (g) (h)

图 4-18　预制墙板吊装示意

(a) 端部两点吊；(b) 单排两点吊；(c) 单排 4 点吊；(d) 双排 4 点吊；(e) 三排 6 点等索力吊；
(f) 三排两列 6 点吊；(g) 四排两列 8 点吊；(h) 双排四列 8 点吊

4.5　构件存放与运输

预制构件堆放储存应符合下列规定：堆放场地应平整、坚实，并应有排水措施；堆放构件的支垫应坚实；预制构件的堆放应将预埋吊件向上，标志向外；垫木或垫块在构件下的位置宜与脱模、吊装时的起吊位置一致；重叠堆放构件时，每层构件间的垫木或垫块应在同一垂直线上；堆垛层数应根据构件与垫木或垫块的承载能力及堆垛的稳定性确定。预制构件的集中存放实景图见图 4-19。

图 4-19　预制构件的集中存放实景图

预制构件的运输应制定运输计划及方案，包括运输时间、次序、堆放场地、运输线路、固定要求、堆放支垫及成品保护措施等内容。对于超高、超宽、形状特殊的大型构件的运输和堆放应采取专门质量安全保证措施。

4.5.1 预制构件存放的技术准备与作业条件

（1）技术准备

① 根据构件的重量和外形尺寸，设计并制作好成品存放架。

② 对存放场地占地面积进行计算，编制存放场地平面布置图。

③ 根据已确认的专项方案的相关要求，组织实施预制构件成品的存放。

④ 混凝土预制构件存放区应按构件型号、类型进行分区，集中存放。

（2）作业条件

① 预制件应考虑按项目、构件类型、施工现场施工进度等因素分开存放。

② 存放场地应平整，排水设施良好，道路畅通。

③ 预制件分类型集中摆放，成品之间应有足够的空间或木垫防止产品相互碰撞造成损坏。

4.5.2 预制构件存放的操作工艺及要求

（1）成品存放

① 将修补合格后的成品吊运至翻转架上进行翻转，翻转前检查有无漏拆螺丝，两侧旁折板及顶梁盒子是否固定牢固，工作台附近是否有人作业及其他不安全因素。

② 成品起吊前检查钢线及滑轮位置是否正确，吊钩是否全部勾好。

③ 吊运产品时吊臂上要加帆布带（保险带）。

④ 成品起吊和摆放时，需轻起慢放，避免损坏成品。

⑤ 将翻转后的成品吊运至指定的存放区域。

⑥ 预制楼板存放数量每堆不超过十件。

（2）成品检测

① 非破坏性强度测试：每个预制件均需进行回弹仪测试，测试在生产后 7 日进行，若测试结果不满足要求，则该预制件还需在生产后 14 日、21 日、28 日进行跟踪测试。测试结果若满足要求，才能出货，否则要进行抽芯试验。非破损检测方法以检测时不影响结构或构件商品混凝土任何性能为前提，以商品混凝土抗压强度与商品混凝土某些物理量之间的相关性为基础，测定相关物理量，然后根据测强曲线推算被测商品混凝土的标准强度换算值，并依照统计原理得出商品混凝土强度标准值的推定值或特征强度。属于这类方法的有回弹法、超声脉冲法、射线吸收与散射法、成熟度法等。

② 在要测试的预制件上选定 2 个约 150mm 高、160mm 宽范围，并将此范围的混凝土表面用磨石磨平。

4.5.3 预制构件的安全防护

（1）预制构件制作前，定期召开安全会议，由安全负责人对所有生产人员进行安全教育，安全交底。

（2）严格执行各项安全技术措施，施工人员进入现场戴好安全帽，按时发放和正确使用各种有关作业特点的个人劳动防护用品。

（3）施工用电严格按有关规程、规范实施，现场电源线一律采用预埋电缆，装置固定的配电盘，随时对漏电及杂散电源进行监测，所有用电设备配置触漏电保护器正确设置接地；生活用电线路架设规范有序。

（4）大型机械作业，对机械停放地点、行走路线、电源架设等均制定施工措施，大型设备通过工作地点的场地，使其具有足够的承载力。

（5）各种机械设备的操作人员应经过相应部门组织的安全技术操作规程培训合格后持有效证件上岗。

（6）机械操作人员工作前，应对所使用的机械设备进行安全检查，严禁设备带病使用、带病工作。

（7）机械设备运行时，应设专人指挥，负责安全工作。

4.5.4 预制构件的文明施工与环境保护

（1）严格执行操作规程、遵守安全文明生产纪律，进入施工现场按劳保规定着装和使用安全防护用品，禁止违章作业。

（2）临时设施搭建严格按预制场平面图的布置，本着"需要、实用、统一、美观"的原则，严禁乱搭乱建。

（3）水、电管线、通信设施、施工照明布置合理，标识清晰。

（4）施工机械按施工平面管理，定点停放，机容车貌整洁，消防器材齐备。

（5）进场材料置放在指定场所，不随意乱堆乱放。

（6）模具配件摆放整齐，成品按图摆放，要横平竖直，严禁横七竖八乱摆放。

（7）生产、生活区及施工临时工程做好排水及污水处理；废水要经过3级沉淀，若水质能够达到拌和标准则排入清水池；若水质达不到拌和用水标准，则采用洒水车运至便道作道路洒水用。

（8）控制施工过程中的噪声、粉尘和有害气体，施工场地经常洒水除尘保持清洁，车辆来往井然有序，避免车辆乱鸣笛、抢道等，保障职工的劳动卫生条件和身体健康。

4.5.5 预制构件运输

预制结构施工最理想方式是，将吊装、运输及安装结合起来，以现场的安装速度来确定构件的加工和构件的运输，使构件到场就能安装，不产生临时堆放。但实际施工中这点很难做到，为此为保证构件安装的连续性，必须考虑现场临时堆放场地（最少考虑堆放4天的量）。

（1）车辆选择

车辆的载重量、车体的尺寸要满足构件要求，超大型构件（如双T板及超大外墙板）构件的运输主要采用载重汽车和拖车。装卸构件保证车体平稳。

（2）构件的防护措施

构件的运输，要设置钢运输架，用钢绳扣、倒链拉牢、使支撑稳固，在底部设木垫板（木板上加设柔性衬垫）或用汽车废外胎垫牢，防止行驶时滑动。

（3）道路选择

要考虑沿线道路的转弯半径，道路桥梁限载、限高、限宽要求，还要考虑交通管理方面的要求。防止一些构件无法运输（深化设计时也可以将这些构件优化掉）。

（4）构件放置

外观复杂的墙板宜采用插放架或靠放架直立堆放、直立运输，也可采用专用支架水平堆放、水平运输。插放架、靠放架应有足够的强度、刚度和稳定性。采用靠放架直立堆放的墙板宜对称靠放、饰面朝外，倾斜角度不宜小于80°。

（5）构件堆放要求

堆放场地应平整、坚实，预制构件运送到施工现场后，要按规格、种类、使用部位、吊装顺序分别堆放。堆场区设置在吊车工作范围内，堆垛之间留设一定间距。垫木或垫块在构件下的位置宜于脱模吊装时位置一致。

第5章 BIM 技术在装配式混凝土建筑中的应用

本章学习要点：

了解 BIM 的概念和对装配式混凝土建筑的意义，理解其在装配式混凝土建筑设计和装配阶段的应用。

BIM 技术作为信息化技术在建筑领域的新发展，已随着建筑工业化的推进，逐渐在我国建筑业应用推广。业界普遍认为 BIM 能够实现工程项目的信息化建设，促进业主、设计方、施工方和运维方更好地协同工作，从设计方案、施工进度、成本、质量、安全、环保等方面，增强项目的可预知性和可控性，实现项目的全生命周期管理。BIM 全生命周期见图 5-1。

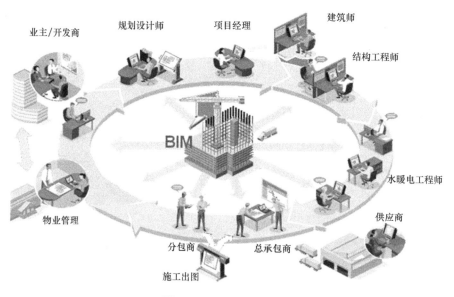

图 5-1　BIM 全生命周期

装配式混凝土建筑核心是"集成"，BIM 为装配式混凝土建筑提供了强有力的载体。可以说，BIM 的推广为装配式混凝土，乃至建筑工业化的发展提供了契机。本章将对 BIM 的概念、定义、工具、装配式混凝土建筑 BIM 应用点以及 BIM 实施流程和技术框架，逐一进行讲解。

5.1　概述

5.1.1　BIM 的定义

建筑信息模型（Building Information Modeling），是以三维数字技术为基础，集成了建筑工程项目各种相关信息的工程数据模型，是对该工程项目相关信息的详尽表达。建筑信息模型是数字技术在建筑工程中的直接应用，以解决建筑工程在软件中的描述问题，使设计人员和工程技术人员能够对各种建筑信息做出正确的应对，并为协同工作提供坚实的基础。

建筑信息模型同时又是一种应用于设计、建造、管理的数字化方法，这种方法支持建筑工程的集成管理环境，可以使建筑工程在其整个进程中显著提高效率、增加标准件以及和减少误差风险等。

由于建筑信息模型需要支持建筑工程全生命周期的集成管理环境，因此建筑信息模型的结构是一个包含有数据模型和行为模型的复合结构。它除了包含与几何图形及数据有关的数据模型外，还包含与装配管理有关的行为模型，两相结合通过关联为数据赋予意义，因而可用于模拟真实世界的行为。

5.1.2 BIM技术与装配式混凝土建筑

建筑工业化是随西方工业革命出现的概念，工业革命让造船、汽车生产效率大幅提升，随着欧洲兴起的新建筑运动，实行工厂预制、现场机械装配，逐步形成了建筑工业化最初的理论雏形。它的基本途径是建筑标准化，构配件生产工厂化，施工机械化和组织管理科学化，并逐步采用BIM技术的新成果，以提高劳动生产率，加快建设速度，降低工程成本，提高工程质量。

建筑工业化，指通过现代化的制造、运输、安装和科学管理的大工业的生产方式，来代替传统建筑业中分散的、低水平的、低效率的手工业生产方式。它的主要标志是建筑设计标准化、构配件生产施工化、施工机械化和组织管理科学化。

传统建筑生产方式，是将设计与建造环节分开，设计环节仅从目标建筑体及结构的设计角度出发，而后将所需建材运送至目的地，进行露天施工，完工交底验收的方式；而建筑工业化生产方式，是设计施工一体化，运用BIM协同技术加强建筑全生命周期的标准化管理方式，同时基于BIM数字化模型平台提升建筑各方面性能指标，并将其做标准化的设计，至构配件的工厂化生产，再进行现场装配的过程。

根据对比可以发现传统方式中设计与建造分离，设计阶段完成蓝图、扩初至施工图交底即目标完成，实际建造过程中的施工规范、施工技术等均不在设计方案之列。建筑工业化颠覆传统建筑生产方式，最大特点是体现全生命周期的理念，利用BIM信息技术为载体，将设计施工环节一体化，设计环节成为关键，该环节不仅是设计蓝图至施工图的过程，而是基于BIM技术可视化优势，将设计构配件标准、建造阶段的配套技术、建造等规范及施工方案前置进设计方案中，从而设计方案作为构配件生产标准及施工装配的指导文件。

BIM优势还在于可以显著提高混凝土预制构件的设计生产效率。设计师门只需做一次更改，之后的模型信息就会随之改变，省去了大量重设参数与重复计算的过程。同时它的协同作用可以快速有效地传递数据，且数据都是在同一模型中呈现的，这使各部门的沟通更直接。

深化设计方可以直接从建筑设计模型中提取需要的部分并且进行深化，再通过协同交给结构设计师完成结构的设计与校核，合格后还可由构件厂直接生成造价分析。由于

BIM 系统中 3D 与 2D 的结合，计算完后的构件可以直接生成 2D 的施工图交付车间生产。如此一来，就将模型设计、强度计算、造价分析、车间生产等几个分离的步骤结合到了一起，减小信息传输的次数，提高了效率。同时，BIM 也可以为预制构件的施工带来很大方便，它能够生成精准生动的三维图形和动画，让工人对施工顺序有直观的认识。

5.1.3 装配式混凝土建筑相关 BIM 软件

装配式混凝土建筑全生命周期分为设计、生产、装配施工三个阶段。目前 BIM 软件的分类并没有一个严格的标准和准则，分类主要参考美国总承包商协会（AGC）的资料。按功能划分如表 5-1 所示。

BIM 常用工具 表 5-1

功能	常 见 工 具
建筑	Affinity，Allplan，Digital Project，Revit Architecture，Bentley BIM，ArchiCAD SketchUP
结构	Revit Structure，Bentley BIM，ArchiCAD，Tekla
机电设备	Revit MEP，AutoCAD MEP，Bentley BIM，CAD-Duct，CAD-Pipe，AutoSprink，PipeDesigner 3D，MEP Modeller
场地	Autodesk Civil 3D，Bentley Inroads and Geopak
协调碰撞	NavisWorks or Bentley Navigator
4D 计划	NavisWorks，Synchro，Vico，Primavera，MS Project，Bentley Navigator
成本计算	Autodesk QTO，Innovaya，Vico，Timberline，广联达，鲁班，CostOS BIM
能耗分析	Autodesk Green Building Studio，IES，Hevacomp，TAS
环境分析	Autodesk Ecotect，Autodesk Vasari
规范	E-Specs
管理	Bentley WaterGem
运维	ArchiFM，Allplan Facility Management，Archibus
其他	金土木，Solibri

5.1.4 BIM 建筑工业化基础流程与框架

设计阶段建筑工业化项目，首先从初步设计开始，从建筑模块化装配入手，利用 BIM 数字化技术提高建筑性能，从而建立新型结构体系（即预制装配式结构体系）。其次，通过 BIM 协同手段协调各专业间设计，并指导出图。之后基于生产效益最大化原则，对方案进一步展开详细设计。详细设计在基于 BIM 可视化的基础上，对局部构件的拼装、节点处理上进行预施工，模拟构件防水、模块干涉、现场拼接、管线预理等现场问题，最终确定预制装配图纸。

生产制造环节，按照统一定型的详细设计图纸，在工厂完成批量生产。在生产过程中 BIM 模型构件开放数据接口，集成生产过程中各类数据信息，使模型数据在生产过程得到有效传递。然后基于 BIM 数据信息，有计划地编排运输批次，使预制构件在现场可用空间内完成堆场工作。

现场装配施工，则直接将现场堆放的预制构件按照 BIM 预施工计划，安排施工人员进行区域瓶装，同时利用构件模型中已经预设的生产信息，以及三维定位手段就地将构件组装起来，生产与装配过程合二为一。

BIM 建筑工业化基础流程与框架见图 5-2。

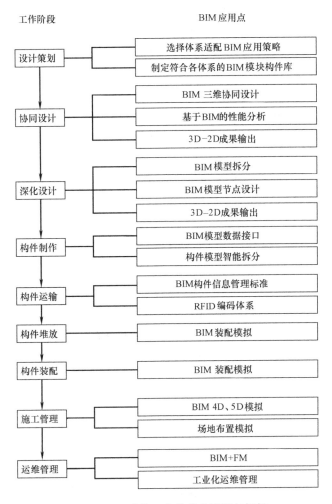

图 5-2　BIM 建筑工业化基础流程与框架

5.2　BIM 在装配式混凝土建筑设计阶段中的应用

5.2.1　设计策划

1. 体系选型与 BIM 应用策略

（1）体系选型

业主投资一个建设项目时，总想得到预期的产品，获得最大的收益，但从过去几十年建设实践来看，一些业主往往在装配式混凝土项目实施过程及后期使用中表现出诸多不满，如：体系选型失败导致投资超额、进度延期、实际功能不到位等。究其原因是多方面的，其中之一为忽视或无法准确地实施项目前期的体系选型。

125

项目结构体系选型应该根据从适用、经济、美观三点出发，根据项目特点进行结构选型，每种结构形式都有各自的特点和不足，有其各自的适用范围，所以要结合建筑设计的具体情况进行结构选型。

基于 BIM 的项目体系选型具体操作思路大致可分以下三步：

首先在系统形成一个 3D 模型，前期参与各方对该三维模型进行全面的模拟试验，业主能够在工程建设前就直观地看到拟建项目所展示的建筑总体规划、选址环境、单体总貌、平立面分布、景观表现等的虚拟现实。

然后，BIM 从 3D 模型的创建职能发展出 4D（3D ＋ 时间或进度）建造模拟职能和 5D（3D ＋时间＋造价）施工的造价职能，让业主能够相对准确地预见到施工的开销花费与建设的时间进度，并预测项目在不同环境和各种不确定因素作用下的成本、质量、产出等变化。

据此，业主就可对不同方案进行借鉴优化，并及时提出修改，最终选定一个较为满意的体系选择方案。基于 BIM 的体系选择如图 5-3 所示。

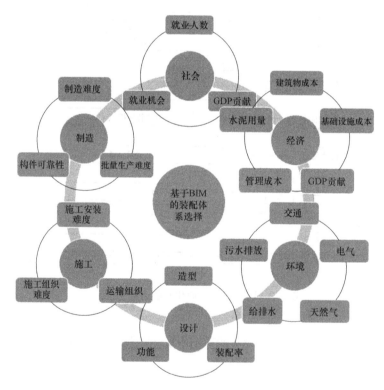

图 5-3 基于 BIM 的体系选择

（2）BIM 应用策略

BIM 在设计阶段的应用策略通常由模数化设计、标准构件模块、三维协同设计、性能化分析、深化设计组成。各种常见体系的应用策略如表 5-2 所示。

2. BIM 模数策划

通常来讲，现有装配式混凝土建筑设计有如下两种方式：（1）设计单位从构件厂已生产的构件中挑选出满足条件的来使用。（2）设计单位根据需求向构件厂定制混凝土构件。

这两种方式中都存在很多不足：

首先，构件厂与设计单位沟通困难，联系不够紧密。国内大部分设计师们设计时并没有充分考虑预制构件的因素，从而不能设计出好的预制装配式建筑作品，也就不能很好地利用已生产的构件类型，同时也从需求上限制了构件的生产。

BIM 设计阶段常见体系　　　　　　　　　　　　　表 5-2

常见体系	BIM 应用策略
预制装配式剪力墙结构	(1)模数化设计,提高装配率 (2)协同设计 (3)剪力墙、叠合楼板、阳台、楼梯等构件和模块库应用 (4)性能化分析 (5)拆分、节点设计、出图
单(双)面叠合剪力墙结构	(1)模数化设计,提高装配率,加快施工进度 (2)协同设计 (3)单(双)向板墙体、叠合楼板、阳台预制楼梯等构件和模块库应用 (4)性能化分析 (5)拆分、节点设计、出图
预制装配式框架结构	(1)模数化设计,提高装配率,预制模具设计 (2)三维协同设计 (3)柱(柱模板)叠合梁、外墙、楼板阳台、楼梯等构件和模块库应用 (4)性能化分析,优化结构抗震能力 (5)三维拆分、节点设计、出图
预制装配式框架剪力墙结构	(1)模数化设计,提高装配率 (2)三维协同设计 (3)柱(柱模板)叠合梁、楼板剪力墙、楼梯等构件和模块库应用 (4)性能化分析 (5)拆分、节点设计、出图

其次，广大构件厂并没有具备深化设计的能力，没有大量投入到科技研发中，新品开发速度缓慢，造成了他们不能满足设计单位的定制要求，也影响了经济效益。

同时，构件生产也是围绕项目展开的一系列高度连续协作的过程，是由多个部门共同协作完成的。在整个设计过程中，每个部门都可能根据需要和要求对其设计做出数次修改，而这些修改对其他部门的设计工作往往造成非常大的影响。这样在设计、生产和施工过程中，就会由于相互的不协调产生很多问题。

借助 BIM 可以实现装配式建筑设计流程变革，从根本上发挥工业化建筑的设计优越性，实现一体化的设计过程，提高项目全过程的合理性、经济性。

在 BIM 平台中可以设置模数，装配式混凝土建筑以 $M=100$ 为基本模数值，向上为扩大模数 $2M$、$3M$ 数列，向下为分模数（$M/2$，$M/5$，$M/10$）数列，级差均匀，数字间协调性能比较好。不同的体系的模数关系也不尽相同。常见的 BIM 平台模数协调数列有：

（1）分模数 $1/2M$、$1/5M$、$1/10M$ 的数列主要用于缝隙、构造节点、建筑构配件的截面及建筑制品的尺寸；

（2）$3M$ 模数 $3M$、$6M$、$9M$ 的数列主要用于建筑构件截面、建筑制品、门窗洞口、建筑构配件及建筑物的跨度（进深）、柱距（开间）、层高的尺寸；

（3）扩大模数 15*M*、30*M*、60*M* 的数列主要用于建筑的跨度（进深）、柱距（开建）、层高及建筑构件配件的尺寸。

通过设置 BIM 模数网来进行方案设计，有助于实现构件精简化。模数的作用除了作为设计的度量依据外，还起到决定每个建筑构件配件的精确尺寸和确定每个组成部分在建筑中的位置的作用。

基于 BIM 的建筑模数网与结构见图 5-4，建筑构件与模数网格关系见图 5-5。模数网可以依其作用分成建筑模数网和结构模数网。建筑模数网是用来作为空间划分的依据，而结构模数网则是作为结构构件组合的依据。结构模数网主要考虑结构参数的选择和结构布置的合理性，而结构主要参数又是制定模数定型化的依据。

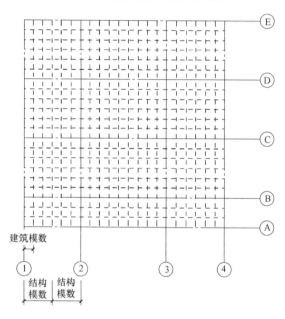

图 5-4　基于 BIM 的建筑模数网与结构

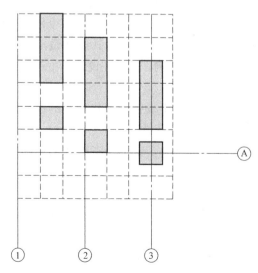

图 5-5　建筑构件与模数网格关系

除建筑模数网和结构模数外，BIM 的构件本身可以设置各自系列化关系而形成模数系列，在此不再累述。

3. 制定符合各体系的 BIM 构件与模块库

（1）BIM 构件

a. 基本概念

BIM 平台具有"构件"的概念，即设计平台中所有的图元都基于构件，如图 5-6所示。特定的构件就相当于"预制模块"，这种思想与工业化制造的过程是不谋而合的，具有相同材料、相同结构、相同功能、相同加工工艺的单元可以进行构件生产。

b. 特点

BIM 模型由很多元素构成，每个元素都包括基本数据和附属数据两个部分，基本数据是对模型本身的特征及属性的描述，是模型元素本身所固有的，如地质条件、建筑的结构特征、建筑面积等。由于模型元素都是参数化和可计算的，因此可以基于模型信息进行各种分析和计算。

BIM 的预制构件包含了初始对象的识别信息，例如：墙、梁、楼板、柱、门窗、楼梯等等，涵盖了预制构件的各个种类。不同的构件具有不同的初始参数和信息，如：标准矩形梁有截面尺寸和长度等信息。BIM 构件库如图 5-6 所示。

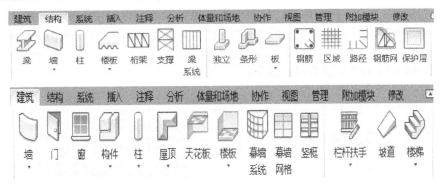

图 5-6　构件库

BIM 通过参数化驱动实现构件的模数化，与后期的生产制造、运输和装配挂钩。例如：可以设置基本模数为 100mm，规定 1500mm 以上的尺寸要用扩大模数，扩大模数可选用 3*M*、6*M*、15*M* 等，不仅可使建筑各部分的尺寸互相配合，而且把一些接近的尺寸统一起来，这么做可以减少构配件的规格，便于工业化生产。模数化构件如图 5-7 所示。

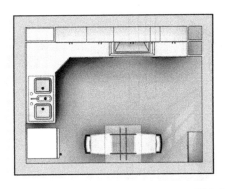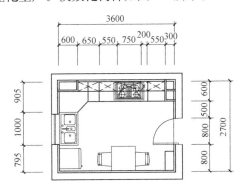

图 5-7　模数化构件

BIM 的参数化驱动包含三个层次：

尺寸驱动，当设计人员改变了轮廓尺寸数值的大小时，轮廓将随之发生相应的变化。如果给轮廓加上尺寸，同时明确线段之间的约束，计算机就可以根据这些尺寸和约束控制轮廓的位置、形状和大小。在 BIM 的构件里可以对任意对象的长度、角度、半径、弧长等设置尺寸参数，族群可以在项目中根据尺寸大小需要而改变。BIM 的对象约束和尺寸锁定功能，可以将不同构件之间相互关联，这是尺寸驱动的特例。

变量驱动，也叫做变量化建模技术，变量驱动将所有的设计要素，如尺寸、约束条件、工程计算条件甚至名称，都视为设计变量。同时允许用户定义这些变量之间的关系式，以及程序逻辑，从而使设计的自动化程度大大提高。变量驱动进一步扩展了尺寸驱动这一技术，使设计对象的修改增加了更大的自由度。

数学关系式驱动，关系式是指由用户建立的数学表达式，用来反映尺寸或参数之间的数学关系，这种数学关系本质上反映了专业知识和设计意图。关系式像尺寸和约束一样，可以驱动设计模型。关系式发生变化以后，模型也将跟着发生变化。利用尺寸、变量约束只能建立两个长度相等的边，而使用关系式则可以使得两个边保持特定的函数关系。BIM除了通过尺寸参数驱动外，还能添加关系式，让编程变得可视化。

BIM"构件"具有实际的构造，且有模型深度变化，用以对应不同设计阶段的模型，例如：方案阶段墙体主要是几何体，扩出阶段墙体开始有构造和材质，施工图阶段有墙体具有保温材料、防水材料类型、空气夹层等。可以通过事先录入常用的不同深度的预制构件模块到 BIM 平台中，来提高设计速度（表 5-3）。

BIM 构件的阶段化

表 5-3

Lv1（策划）	1. 简单的占位图元，只包含尽量少的细节，能够辨识即可； 2. 粗略的尺寸； 3. 不包含制造商信息和技术参数； 4. 使用统一的材质	
Lv2（协同设计）	1. 包含部分建模数据与技术信息，建模详细度足以辨别对象类型及组件材质，细节可以用二维图纸代替； 2. 包含二维细节，用于生成最大深度为 1：50 比例的平面图	
Lv3（深化）	1. 包含较全的建模数据与技术信息，建模详细度足以生成必备的节点构造； 2. 包含二维细节，用于生成最大深度为 1：50 比例的平面图	

除了标准的"构件"之外，当然也可以自定义较特殊的"构件"。通过多个项目的积累，可以使得构件库变丰富。标准构件库见图 5-8。

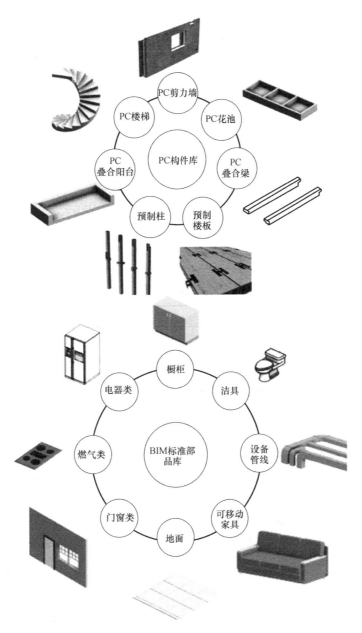

图 5-8　BIM 标准化构件库

BIM "构件"的可被赋予信息，可被用于计算、分析或统计。BIM 集成了建筑工程项目各种相关信息的工程数据，是对该工程项目相关信息的详尽表达。不仅可以实现多专业的协同，而且可以支持整个项目的管理。BIM 的构件可以集成丰富的信息，例如：在预制墙体添加自定义参数：防火等级、混凝土强度等级（C20、C25、C30、C40、C50……）、钢筋的型号（Q235、Q345……）以及材料物理信息（可用于性能化分析）、材质信息（可用于）、是否预应力混凝土构件等等。

（2）不同体系的 BIM 装配式构件

常见装配式构件见表 5-4，常见预制构件见表 5-5。

常见装配式构件 表 5-4

1	结构构件及外墙构件	
2	轻质隔墙构件	
3	楼梯与电梯等交通构件	
4	门窗构件	
5	屋顶与天花构件	
6	厨房、卫生间构件	
7	阳台和露台构件	
8	地面与基础构件	
9	设备构件	
10	管线构件	
11	其他构件	

常见预制构件 表 5-5

序号	主要结构体系类型	主要 BIM 预制构件
1	预制装配式剪力墙工法体系	预制剪力墙叠合楼板、阳台预制楼梯
2	叠合板混凝土剪力墙工法体系	双向板墙体叠合楼板、阳台预制楼梯
3	预制装配式框架工法体系	柱(柱模板)叠合梁、外墙、楼板阳台、楼梯
4	预制装配式框架剪力墙工法体系	柱(柱模板)叠合梁、楼板剪力墙、预制楼梯

（3）BIM 模块

BIM 模块是构件的集成的产物，属于成套实用技术。通过 BIM 将工程施工中通常要遇到各种专门化建造技术，如：防水技术、排烟通风道技术、轻质隔墙技术、保温隔热技术等。实用技术成套化，预示着装配式建筑质量和生产效率的进一步提高以及成本的进一步降低，也是装配式建筑发展的必备因素。

可以通过项目的积累一批标准化功能空间模块，如卫生间、办公室、走道、楼梯间、电梯井等，如图 5-9 所示。BIM 的模块可以根据设计需求发生自适应性变化，能够实现多

图 5-9 功能空间模块

重逻辑联系，甚至可以将一些建筑设计规则赋予到 BIM 参数驱动中，系统自动给出解决方案。

单元定型的组合方法采用优选平面参数而确定这几种参数可能组成的"基本间"再组织若干"组合单位"（或称"平面细胞"），用以组合不同的组合体。这种组合方式主要着眼于简化构件规格，而适应多样化的能力较差。一般适用于建筑体系的初级阶段，以期获得良好的经济效益。我国目前采用的多数建筑体系由于面积指标的限制，户型变化不能很多，组合变化的功能性也有限，而更多的是着眼于体系的经济效益，因而在小开间、小柱网结构工艺体系中，普遍采用单元定型组合方法，即：基本间—单元—组合单元。

功能间组合模块见图 5-10，单元模块见图 5-11，组合单元模块见图 5-12。

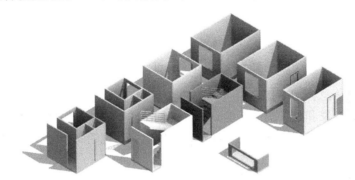

图 5-10　功能间组合模块

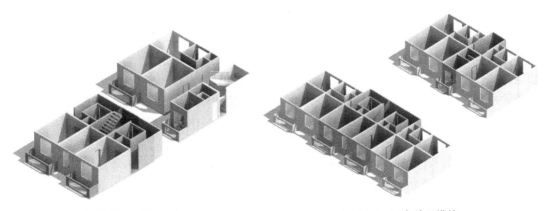

图 5-11　单元模块　　　　　　　　图 5-12　组合单元模块

5.2.2　协同设计

1. BIM 三维协同设计

斯坦福大学 CIFE 的 Kunza 和 Giligan 在 2007 年曾进行过一次问卷调查，评价 BIM 在建筑业的应用价值。在业主承担的风险收益方面，预算外变更是业主风险一个重要指示器。该调查结果显示，在被调查者中，认为 BIM 能减少 10％以上的预算外变更的人数显著上升，从 2006 年的 9％到 2007 年的 20％，其中，对于 BIM 常用者，这一比例在 2007 年达到 33％；不知道 BIM 可降低预算外变更的人数显著减少，从 2006 年的 77％ 降到 2007 年的 58％。

建筑师和工程师（结构、机械、电气和给排水）总是在建设项目的设计过程中协调他们不同的学科方面面临着一项艰巨的任务。每个学科所有的不同观点和优先事项必须体现在完成的建筑上面。为了让所有的部分都工作，建筑师和工程师之间的协作是关键，BIM协同设计概念如图5-13所示。

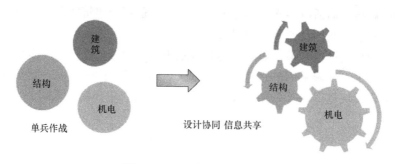

图 5-13　BIM 协同设计概念

由于三维建筑信息模型（BIM），设计的阶段正在从基于文档的项目阶段，如概念、原理图设计、设计开发和施工文件转换到一个更具协作性的基于模型的途径上来。这样一来，每一个学科可以在设计过程早期，即在需要做出如建筑朝向、主要建材的选择等重要决策时做出贡献。

美国 HOK 设计公司首席执行官 Patrick MacLeamy 在 Building Smart 提出的前置项目曲线，在业内取得较大反响。HOK 曲线强调了在设计过程中决策的重要性，即通过使用 BIM 来控制成本，减少现场设计变更和实质上降低诉讼。如果所有的学科和相关人士意见在早期就各项决策达成一致，那么昂贵的现场变更费就可以避免。

使用 BIM 作为设计工具，合作项目团队可以实时更新 3D 模型，讨论设计迭代、整合结构、MEP（Mechanical，Electrical & Plumbing，即机械、电气、管道）以及建筑模型，并消除冲突等所有早期设计阶段的问题（图 5-14）。每个专业的设计人员可以链接所需的模型到他们自己的计模型中去，并且可以利用链接的模型作为他们自己工作的基本模型。多专业协同设计使得错、漏、碰、缺的情况降到最少，提高设计质量和沟通效率。

在三维协同设计过程中，每一个专业的设计都可能会影响到其他专业的设计，尤其是很多专业中添加的图元必须协调布置到一定的狭小空间中，例如在吊顶空间，那里有结构图元、设备平台以及管线管网等，都被安排在这个狭小空间内，这使设计审查和所有参与专业之间的协调变得至关重要。

在基于 BIM 的设计过程中，计算机可以自动找出项目的潜在冲突，高效且可靠。各专业的典型的碰撞检查模式见表5-6。

用这种模式的交叉链接功能，设计团队可以审查、监控和协调设计团队的所有成员对模型所作的变化。这种方法能够使模型协调、审查和碰撞检查提早发现并且更为迅速解决问题。这种高效的流程能使整个设计团队参与评估设计方案，能充分体现他们的设计观点，并且帮助项目团队在基于多专业协作设计的基础上找到更好的解决方案。

2. BIM 数据库的性能分析

（1）BIM 性能化的优势

当前，性能化分析通常需要建模和分手工输入相关数据才能开展分析计算，而操作和

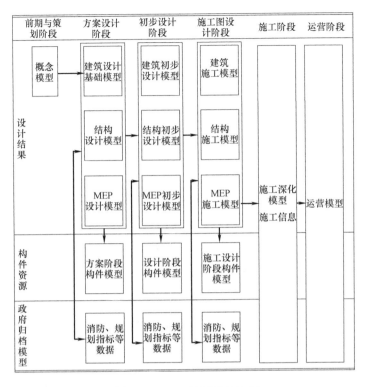

图 5-14　BIM 协同设计流程

使用这些软件不仅需要专业技术人员经过培训才能完成，同时由于设计方案的调整，造成原本就耗时耗力的数据录入工作需要经常性的重复录入或者校核，导致包括建筑能量分析在内的建筑物理性能化分析通常被安排在设计的最终阶段，成为一种象征性的工作，使建筑设计与性能化分析计算之间严重脱节。

各专业典型碰撞检查模式　　　　　　　　　　　　　　　　表 5-6

建筑/结构	结构工程师使用复制/监视模式来监视对建筑模型所做的更改。建筑师也可以使用碰撞检查，以核实建筑图元是否与结构件碰撞冲突
建筑/设备	MEP 工程师监视建筑师对房间或者标高等的变化，这与 MEP 的冷热区的划分有直接联系。建筑师也可以链接 MEP 模型检查建筑图元，并保持协调一致
结构/设备	在这种情况下，两个专业的设计师受益于碰撞检查，它可以避免在结构和暖通专业图元之间的潜在冲突和碰撞

BIM 设计模型包含了大量的设计信息（几何信息、材料性能、构件属性等），在导入专业的性能化分析软件时，可以减少搭建模型和数据输入的工作量。

（2）性能化分析流程

基于 BIM 的建筑性能优化仿真流程如图 5-15 所示。

3. 基于 BIM 的性能化分析

BIM 的性能化分析分为以下四大类：

（1）可持续分析

1）碳排放分析，对项目的温室气体排放、材料融入能量、年维护能量等分析评估，

135

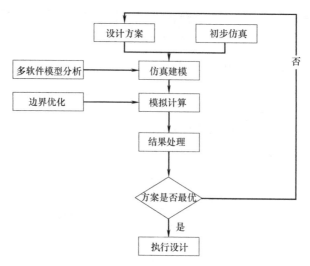

图 5-15　建筑性能优化仿真流程

并给出绿色建议。

2）节能分析，以计算机模拟为主要手段，从建筑能耗、微气候、气流、空气品质、声学、光学等角度，对新建建筑设计方案进行全面的节能评价。

（2）舒适度分析

1）日照采光分析，针对自然采光和人工照明环境进行数字化分析和评估，给出包括采光系数、照度和亮度在内的一系列参考指数，为建筑设计、室内设计和灯光设计提供依据。

2）通风分析，通过对场地周围的自然风环境分析和内部通风能力进行分析，判断是否符合规范，并提出解决方案和优化建议。

3）声场分析，实施场地周边的声场和重点空间的乐声效果进行分析，对建筑的局部造型、室内构造、材料、景观等提出优化建议，确保达到预期效果。

（3）安全性分析

1）结构计算，基于 BIM 的结构计算主要有弹性分析、塑性内力重分布分析、弹塑性分析、塑性极限分析等，BIM 中结构分析模型的创建和管理如图 5-16 所示。目前，大多数 BIM 平台软件已经支持将模型导出通用格式 IFC，或专用数据接口导入常用的结构计算软件中进行分析计算，如图 5-17 所示。通常这种接口是双向的，如图 5-18 所示，分析优化设计的结果将再次导回 BIM 平台中，进行循环优化设计。主流的分析工具软件如：PKPM、MIDAS、SAP2000、ETABS 等十几种软件支持 BIM 数据导入。

2）消防分析，通过三维模型对消防性能化设计进行可视化分析和统计，确保符合相关规范，提出优化建议。

3）人流分析，基于 BIM 模型和相关专业工具软件，模拟安全疏散过程中典型的人群心理和行为，实现人员疏散的速度与安全性的分析。计算人员分布、疏散速度、流量、出口平衡性等关键参数，对人员疏散过程进行动态量化分析，提交报告和优化建议。

（4）模型检查

1）碰撞冲突分析，装配式混凝土建筑设计过程中，要保证每个预制构件到现场拼装

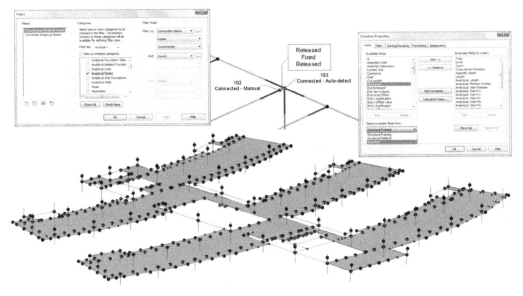

图 5-16 在 BIM 中创建和管理结构分析模型

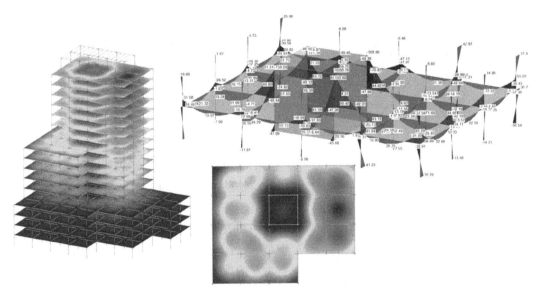

图 5-17 导入常用结构软件进行分析

不发生问题，靠人工进行校对和筛查显然是不可能的，但 BIM 在设计阶段就可以较好地规避风险，利用 BIM 模型我们可以把可能发生在现场的冲突与碰撞在设计阶段中进行事先消除。

传统二维施工图纸无法精确定位钢筋位置，在绑扎钢筋时经常会有碰撞发生。在 BIM 模型中能够检查钢筋碰撞，得出碰撞报告，并在交付施工图纸之前将碰撞调整至最低。钢筋碰撞检测如图 5-19 所示。

2）BIM 协调和可视化功能，可以实现预制构件预留孔的精确定位，进一步提高预制构件装配率。管线预制如图 5-20 所示。

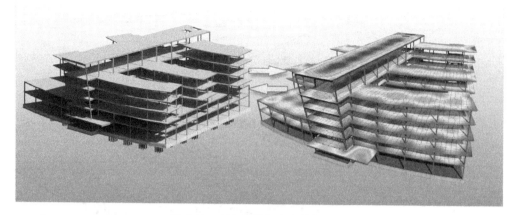

图 5-18 双向链接与多个分析工具

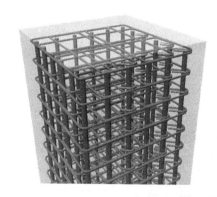
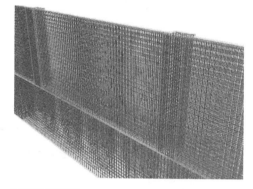

图 5-19 钢筋碰撞检测

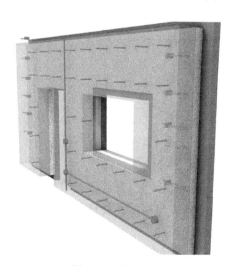

图 5-20 管线预制

3）BIM 数据库可以直接统计生成主要材料的工程量、辅助工程管理和工程造价的概预算，有效地提高工作效率。图 5-21 为通过 BIM 自动生成的钢筋列表。

4）通过 BIM 的可视化特性进行建筑、结构、设备专业的规范检查，减少项目审图时间并提高设计质量。

4. 性能化分析规划

BIM 典型的性能化分析规划如表 5-7 所示。

5. 3D 到 2D 成果输出

建筑本身的全部要素通过 BIM 这个集成平台，在不同专业的协调下得以实现，并附带全部的设计信息。BIM 参数化修改引擎方便了图纸的修改，BIM 模型的修改是通过参数的调整反映出来的，数字化建筑构件所有信息都以参数的形式保存在 BIM 数据库中，数据库中的数据通过图形软件生成三维模型。三维模型建立后可以生成平、立、剖面图纸，在修改图纸

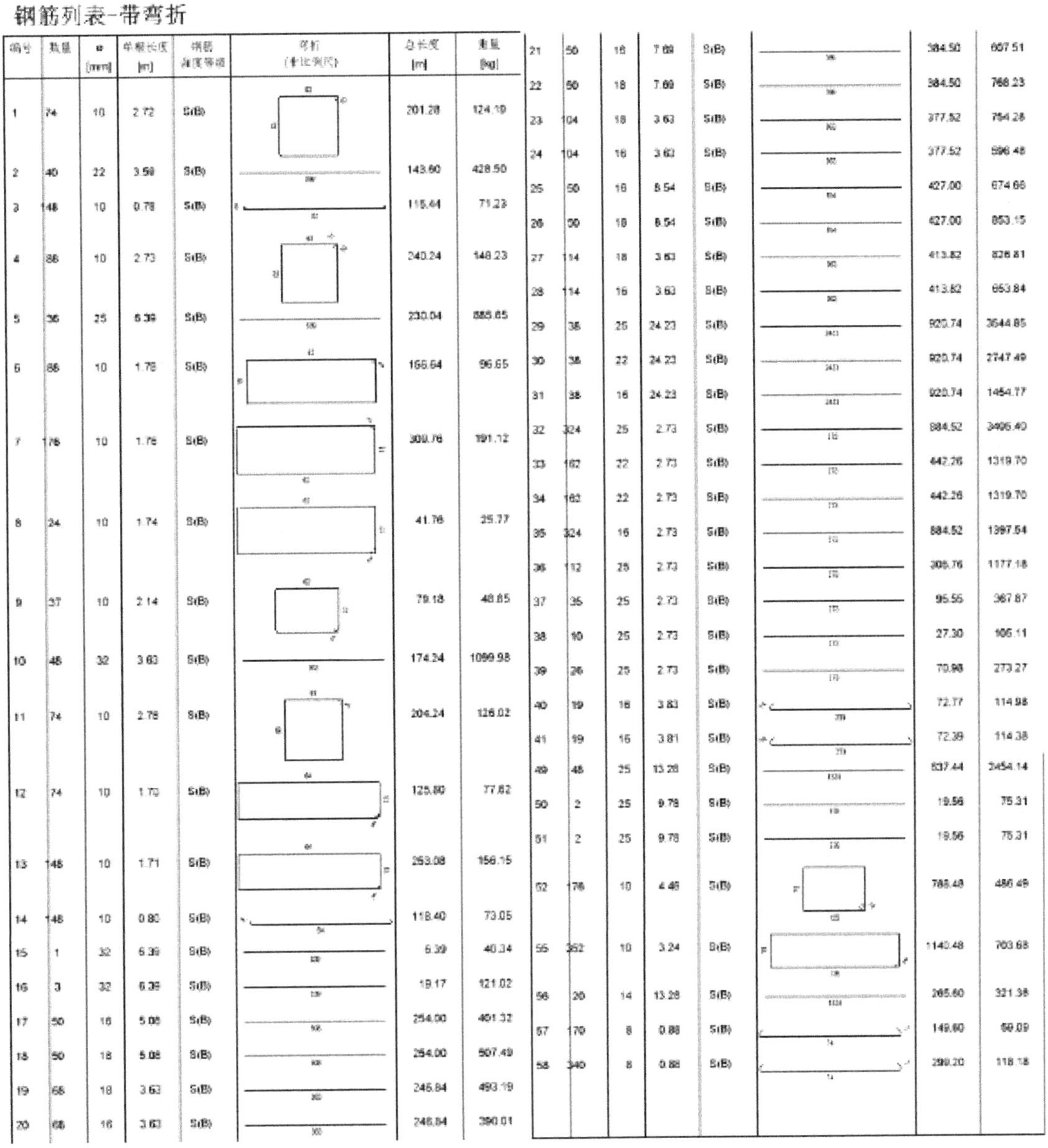

钢筋列表-带弯折

编号	数量	Φ [mm]	单根长度 [m]	钢筋强度等级	弯折(非比例尺)	总长度 [m]	重量 [kg]
1	74	10	2.72	S(B)		201.28	124.19
2	40	22	3.59	S(B)		143.60	428.50
3	148	10	0.78	S(B)		115.44	71.23
4	88	10	2.73	S(B)		240.24	148.23
5	36	25	6.39	S(B)		230.04	885.65
6	88	10	1.78	S(B)		156.64	96.65
7	176	10	1.78	S(B)		309.76	191.72
8	24	10	1.74	S(B)		41.76	25.77
9	37	10	2.14	S(B)		79.18	48.85
10	48	32	3.63	S(B)		174.24	1099.98
11	74	10	2.76	S(B)		204.24	126.02
12	74	10	1.70	S(B)		125.80	77.62
13	148	10	1.71	S(B)		253.08	156.15
14	148	10	0.80	S(B)		118.40	73.05
15	1	32	6.39	S(B)		6.39	40.34
16	3	32	6.39	S(B)		19.17	121.02
17	50	16	5.08	S(B)		254.00	401.32
18	50	18	5.08	S(B)		254.00	507.49
19	68	18	3.63	S(B)		246.84	493.19
20	68	16	3.63	S(B)		246.84	390.01
21	50	16	7.69	S(B)		384.50	607.51
22	50	18	7.69	S(B)		384.50	768.23
23	104	18	3.63	S(B)		377.52	754.28
24	104	16	3.63	S(B)		377.52	596.48
25	50	18	8.54	S(B)		427.00	674.66
26	50	18	8.54	S(B)		427.00	853.15
27	114	18	3.63	S(B)		413.82	826.81
28	114	16	3.63	S(B)		413.82	653.84
29	38	25	24.23	S(B)		920.74	3644.85
30	38	22	24.23	S(B)		920.74	2747.49
31	38	16	24.23	S(B)		920.74	1454.77
32	324	25	2.73	S(B)		884.52	3406.40
33	162	22	2.73	S(B)		442.26	1319.70
34	162	22	2.73	S(B)		442.26	1319.70
35	324	16	2.73	S(B)		884.52	1397.54
36	112	25	2.73	S(B)		305.76	1177.18
37	35	25	2.73	S(B)		95.55	367.87
38	10	25	2.73	S(B)		27.30	105.11
39	26	25	2.73	S(B)		70.98	273.27
40	19	16	3.83	S(B)		72.77	114.98
41	19	16	3.81	S(B)		72.39	114.38
49	48	25	13.28	S(B)		637.44	2454.14
50	2	25	9.78	S(B)		19.56	75.31
51	2	25	9.78	S(B)		19.56	75.31
52	176	10	4.48	S(B)		788.48	486.49
55	352	10	3.24	S(B)		1140.48	703.68
56	20	14	13.28	S(B)		265.60	321.38
57	170	8	0.88	S(B)		149.60	59.09
58	340	8	0.88	S(B)		299.20	118.18

图 5-21　钢筋列表

典型性能化分析规划　　　　　　　　表 5-7

类别	子项	前期与规划阶段	方案阶段	初步设计阶段	施工图阶段
可持续分析	碳排放分析		√	√	√
	节能分析		√	√	√
舒适度分析	日照采光分析	√		√	
	通风分析	√	√		
	声场分析	√	√		

类别	子项	前期与规划阶段	方案阶段	初步设计阶段	施工图阶段
安全性分析	结构计算				
	消防分析		√	√	√
	人流分析		√	√	√
模型检查	碰撞冲突分析		√	√	√
	概预算		√	√	√
	规范检查		√	√	√
其他					

时，设计人员只要修改模型中的要素，平、立、剖、节点会随着模型的改动而改变。

由于 BIM 构件之间的相互关联在数据库的参数中都会体现。参数化修改引擎提供的参数更改技术使用户对建筑设计或文档部分作的任何改动都会改变数据库中的数据，并自动在 BIM 模型中反映出来，联动地修改与之相关联的其他部分。构件的移动、删除和尺寸的改动所引起的参数变化会引起相关构件的参数产生关联的变化，始终保证 BIM 模型的协调一致，在此基础上生成的所有图纸的一致性也将保持一致，而不必逐一对所有图纸进行检查修改，从而提高了工作效率和工作质量。

并不是所有交付图纸都适合由 BIM 模型生成，应根据 BIM 技术的优势及特点确定能够通过 BIM 模型直接生成二维视图的交付范围。方案设计、初步设计、施工图设计阶段，BIM 可以生成二维视图的范围见表 5-8。

BIM 可生成二维视图范围　　　　　　　　　　　表 5-8

	方案设计阶段	初步设计阶段	施工图设计阶段
建筑专业	总平面图 各层平面图 主要立面图 主要剖面图	区域位置图 总平面图 竖向布置图 平面图 立面图 剖面图	总平面图 竖向布置图 平面图 立面图 剖面图 管线综合图 详图
结构专业		(1)标准层、特殊楼层以及结构转换层的平面结构布置图；条件许可时，应提供基础结构平面图 (2)特殊结构部位的构造简图	基础平面图 基础详图 结构平面图 构件模板图和构件配筋图 节点构造详图 其他图纸
电气专业		电气平面布置图 照明平面布置图 各控制室设备平面布置图	电气总平面布置图 变、配电站平面、剖面图 配电、照明平面图 火灾自动报警系统平面图 防雷、接地系统顶层及接地平面图

	方案设计阶段	初步设计阶段	施工图设计阶段
给排水专业		建筑给水排水局部总平面图 建筑室外给水排水平面图 建筑室内给排水平面图	建筑室外给排水总平面图 室外排水管道纵断面图 水泵房平、剖面图 水塔、水池配管平面、剖面图或系统轴测图 输水管线图 各净化建筑物、构筑物平、剖面图 建筑室内给水排水各层平面图 建筑室内给水排水系统轴测图
暖通专业		通风、空调、防排烟平面图 采暖平面图 冷热源机房平面图	暖通空调平面图 通风、空调、制冷机房平面图和剖面图 立管或竖风道图 通风、空调剖面图和详图

5.2.3 深化设计

1. BIM 模型拆分

深化设计阶段是装配式建筑实现过程中的重要一环，可以说是起到承上启下的作用。通过深化阶段的实施将建筑各个要素进一步细化成单个的包含全部设计信息的构件。一个建筑往往包含成千上万个构件，这里面又包含大量的钢筋、预埋的线盒、线管和设备。深化设计人员利用 BIM 平台对模型进行碰撞试验，检测不同构件之间，线盒、线管、设备和钢筋之间是否存在着相互干涉和碰撞，并根据检测结果对各个要素进行调整，进一步完善各要素之间的关系，直到完成整个深化设计过程。装配式建筑的深化设计主要包括两项工作内容：模型拆分和 BIM 模型节点设计。

装配式构件的"拆分设计"，传统方式下大多是在施工图完成以后，再由构件厂进行"构件拆分"，构件拆分见图 5-22。理想的流程是在前期策划阶段就专业介入，确定好装配式建筑的技术路线和产业化目标，在方案设计阶段根据既定目标进行方案创作，这样才能避免方案性的不合理导致后期技术经济性的不合理，避免由于前后脱节造成的设计失误。BIM 在装配式建筑的拆分设计中有天然的优势。可以说 BIM 的出现，为装配式建筑提供了强有力的载体，从设计最初考虑模型拆分，而非传统仅靠构件厂商来完成。

BIM 的预制构件的拆分深化设计主要从构件的种类、模具的数量、标准结构单元设计三个方面进行考虑：

（1）构件种类

在拆分时应使用尽可能少的预制构件的种类，同时考虑到构件的加工、运输和经济性等问题，这样既可以降低构件制造难度，又易于实现大批量生产及控制成本的目标。如果在策划和方案阶段即采用 BIM 模数化理念进行设计，模块之间将有很高的通用性，为构件种类的有效控制提供有利前提。构件种类见图 5-23。

（2）模具数量

在做拆分设计时应该考虑模具数量问题，模具的数量应尽可能少，提升其使用的周转

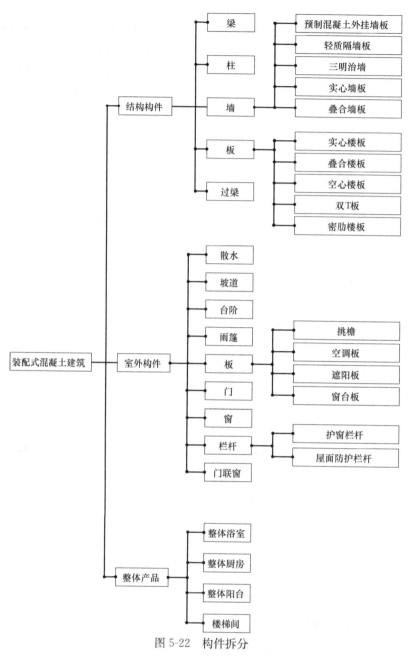

图 5-22 构件拆分

率，确保预制构件生产过程的高效性。通过 BIM 的应用可以方便地统计构件的数量，可以在拆分时充分考虑的模具使用率。此外，BIM 模型可以提供预制构件模具设计所需要的三维几何数据以及相关辅助数据，可实现模具设计的自动化，如果结合预制构件的自动化生产线，还能实现拼模的自动化。

（3）标准结构单元设计

BIM 标准结构单元的设计是在进行构件拆分的过程中确保 PC 构件标准化的重要手段。例如，标准的 PC 剪力墙按照功能属性可分为三段：约束段、洞口段和可变段。通过对约束段的标准化设计，形成几种通用的标准化钢筋笼，以实现 PC 构件中

142

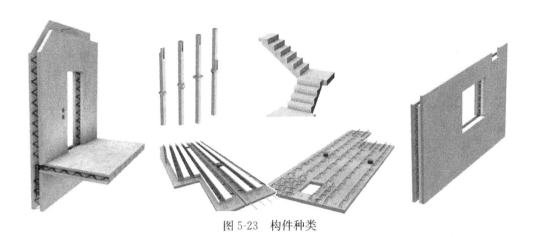

图 5-23　构件种类

承重部分的标准化配筋，实现钢筋笼的机械化自动生产。在此基础上，通过约束段、洞口段以及可变段的多样化组合来实现 PC 剪力墙的通用性与多样性。标准节点案例见图 5-24。

2. BIM 节点设计

装配式混凝土结构是实现建筑工业化的一种重要手段，其主要的结构体系有装配式框架结构、装配式板墙结构、混合结构等；在以往的装配式混凝土结构的工程实例中，由于结构的整体性及抗震能力较差，而在地震作用下出现过损坏，甚至倒塌，如著名的罗南点渐进式坍塌，这极大地影响了它在住宅建筑中的应用。在装配式混凝土结构的结构体系当中，预制构件间的连接（节点）对于结构整体性、荷载传导、抗震耗能起着重要的作用，特别是承力构件的连接。因此，应用装配式混凝土结构，设计、选用并构造恰当的连接对装配式混凝土结构至关重要。

装配式混凝土的连接根据构件类型可分为非承重构件的连接和承重构件的连接。非承重构件的连接指结构附属构件的连接或承重构件与非承重构件的连接，如挂板连接、承重墙与填充墙的连接等，连接自身对结构的承载影响不大；承重构件的连接主要指柱（墙）—基础连接、柱—柱连接、柱—梁连接、墙—墙水平连接、墙—墙纵向连接等，连接对结构荷载的传导与分配起重要作用。

从预制结构施工方法分，承重构件的连接可以分为湿连接和干连接。湿连接需要在连接的两构件之间浇筑混凝土或灌注水泥浆。为确保连接的完整性，浇筑混凝土前，从连接的两构件伸出钢筋或螺栓，焊接或搭接或机械连接。在通常情况下，湿连接是预制结构连接中常用且便利的连接方式，结构整体性能更接近于现浇混凝土。干连接则是通过在连接的构件内植入钢板或其他钢部件，通过螺栓连接或焊接，从而达到连接的目的，干连接使结构整体性能显得更为松散。从抗弯及抗剪能力考虑，正确构造的干连接相比于整体式连接，具有相近的延性并可能有更高的能量耗散能力。从受力状况来分，连接可分为受压连接、受拉连接、受剪连接、受弯连接等。

通过 BIM 对预制构件连接的节点标准设计，积累标准节点，实现高效的节点设计。常规的专业混凝土 BIM 设计通常包含数百个常用节点，在创建节点时非常快捷。通过对节点的调整，可以方便地做出我们想要的连接，这些节点都是智能型的，它们会随着截面规格的变化而自动调整。若在一个工程中存在数量较多的相同节点，此时可以使用用户自

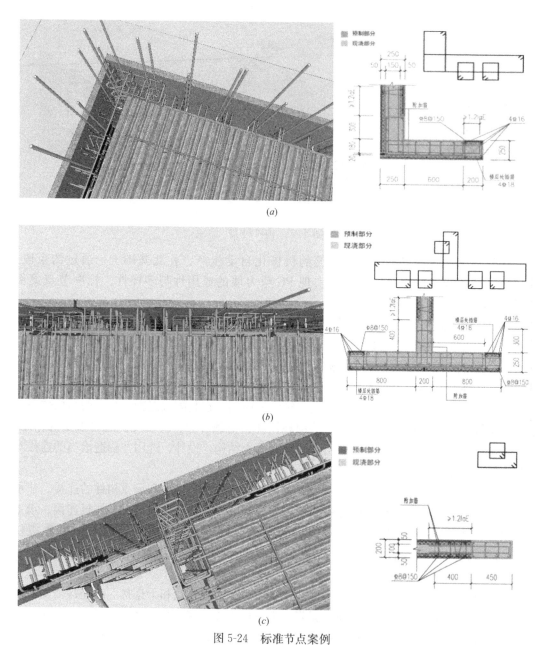

图 5-24 标准节点案例

(a) L节点设计；(b) T字形节点设计；(c) 一字形节点设计

定义节点。BIM 自定义节点修改起来非常方便，只要是同一个自定义节点，只需点击修改自定义的节点，所有相同的节点就会跟着改变，避免了漏改现象的发生。BIM 还可以创建参数化节点，对于主构件不同，次构件类型相同的情况，类似连接节点较多，节点库中又没有节点时，可以创建参数化节点，这样可以有效提高深化的效率。BIM 节点示意图见图 5-25。

节点创建完成以后，必须对模型进行碰撞校核，一是检查是否有遗漏未做的节点；二是检查构件及零部件是否有碰撞重合现象；三是检查蓝图设计是否有不合理现象，为下一步出图、出报表的准确性以及现场安装奠定基础。

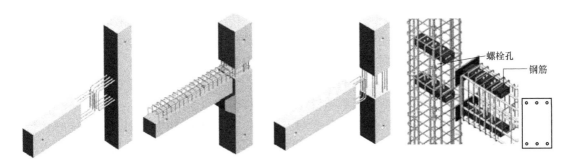

螺栓孔

钢筋

图 5-25　BIM 节点示意图

3. 3D 到 2D 成果输出

装配式建筑设计是通过预制构件加工图来表达预制构件的设计，其图纸还是传统的二维表达形式。BIM 模型建成后，可以自动生成装配式建筑的建筑平面切分图、构件详图、配筋图、剖面等图纸。

（1）BIM 模型集成加工图纸，有效加强与预制工厂协同

通过 BIM 模型对建筑构件的信息化表达，构件加工图在 BIM 模型上直接完成和生成，不仅能清楚地传达传统图纸的二维关系，而且对于复杂的空间剖面关系也可以清楚表达，同时还能够将离散的二维图纸信息集中到一个模型当中，这样的模型能够更加紧密地实现与预制工厂的协同和对接。

（2）变更联动，提升出图效率

大多数 BIM 平台支持生成结构施工图纸，可以根据需要形成平、立、剖面图。据统计，用二维 CAD 画一个预制墙板配筋图要三天，而在 BIM 中，节点参数化后，同类型的墙板即可通过修改钢筋的直径、间距、钢筋等级等参数来重复利用，然后生成图纸，整体时间比传统节省 30％以上，并且形成节点构件库，节点参数化便可随意调取，更加提高出图效率。由于 BIM 构件间关联性很强，模型修改，图纸会自动更新，一方面，减少了图纸修改工作量；另一方面，从根本上避免一些低级错误，例如平面图改动，却忘记在剖面图中相应改变等类似问题。

（3）精确统计钢筋下料，提升成本把控能力

BIM 可以实现自动统计钢筋用量的明细，可以直接进行钢筋算量，方便快捷。钢筋 3D 模型充分考虑钢筋的锚固和弯折。在施工前，可以提供较为精确的混凝土用量及钢筋数量。其中也包含了预制构件中使用的钢筋长度、重量及直径，以及弯折位置和相关尺寸等重要信息，大大提高了工厂化生产的效率。

5.3　BIM 在装配式混凝土建筑装配阶段的应用

5.3.1　BIM 辅助施工组织策划

1. 4D 施工进度模拟

工程施工是个很复杂的过程，尤其是预制混凝土建筑项目，在施工过程中涉及参与方

145

众多，穿插预制工序也很复杂。在预制施工项目中，传统的施工计划编制和应用多适用于工程技术人员及管理层，不能被参与工程的各级人员广泛理解和接受，从而导致了预制构件装配程序的凌乱，并且预制构件必须在现场施工组装之前，制造完成，并满足施工质量要求。所以，除了良好、详细、可行的施工计划外，项目各参与方清楚知道相互装配计划，尤其是项目管理者需要清楚了解项目计划以及目前状态。

而直观的 4D 施工进度模拟能使各参与方看懂、了解彼此共组计划。把传统的甘特图，转换为三维的建造模拟过程。BIM 模型构件关联计划、时间，分别用不同颜色表示"已建"、"在建"、"延误"等形象地表现预制混凝土项目在实施过程中的动态拼装状况，实现施工的经济性、安全性、合理性。在开始施工前，必须制定周密的施工组织计划，帮助各方管理人员清楚发现施工现场的滞后、提前、完工等情况，从而帮助管理人员合理调配装配工人及后续预制构件到场类型及数量。4D 施工进度模拟见图 5-26。

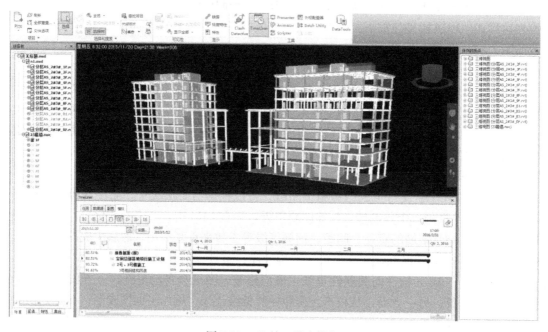

图 5-26　4D 施工进度模拟

2. 预制构件运输模拟

BIM 信息技术可以基于预制构件的实际生产信息以及施工现场环境，模拟装配工序提高项目组织计划能力。基于 BIM 的施工组织设计，可以动态模拟现场装配的计划节点以及此节点所需预制构件的数量。预制工厂则基于 BIM 数据估算出现场预制件使用量，组织生产以及开展调度运输。

预制构件需要利用车辆或船只运送预制构件，车体或船舱的空间合理布局方案则成为影响运输成本的重点。BIM 技术可以基于三维空间布置将相关的预制件最大限度地摆放入对应的运输空间内，并用模拟手段保证运输的安全性，协助项目降低运输成本，减少构件破损率。BIM 预制件运输模拟见图 5-27。

3. 预制场地环境布置

基于 BIM 技术的施工场地及周边环境模拟。预制项目在运送构件或施工大型机械设

图 5-27　BIM 预制件运输模拟

备时需要多种大型车辆，因此车辆的动线设计，施工现场的车辆及预制构件临时堆放点将会是重要考量因素。同时，施工场地布置由于随施工进度推进呈动态变化，然而传统的场地布置方法并没有紧密结合施工现场动态变化的需要，尤其是对施工过程中可能产生的预制构件堆放点、施工塔吊、机械设备等可能的安全冲突问题考虑欠缺。研究得出基于BIM 模型及理念，运用 BIM 工具对施工场地布置方案中难以量化的潜在空间冲突进行量化分析，同时结合现有预制工法的其他主要指标，构建更完善的施工场地布置方案评估的指标体系，进一步运用灰色关联度分析对优化后的指标体系下不同阶段下不同布置方案进行分别评价，最后用场地布置模拟说明施工场地动态布置总体方案。施工场地布置如图5-28 所示。

图 5-28　施工场地布置

5.3.2　预制构件虚拟装配建造

随着项目复杂度增加，预制构件的种类增多，从二维图纸很难理解预制件造型及内部连接件等，而预制混凝土建筑的组装精度直接影响建筑物的结构及装修质量，所以在组装预制构件时，必须充分论证。使用 BIM 技术，可以在实际拼装之前模拟复杂构件的虚拟造型，随意观察甚至剖切、分解等操作，让现场安装人员可以非常清晰地知道其构成，大大减低二维图纸的理解错误，确保现场拼装的质量与速度。预制构件数字化制造模拟如图 5-29 所示。

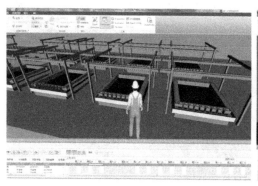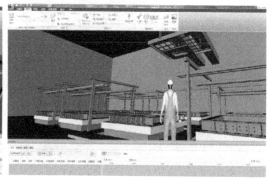

图 5-29　预制构件数字化制造模拟

因此在施工方案及组装作业顺序等基础资料之上，基于 BIM 三维精确定位技术的预制构件拼装模拟，论证装配的可行性是提高建筑质量的一种数字化手段。装配模拟如图 5-30 所示。

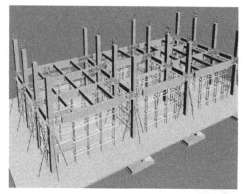

图 5-30　装配模拟

运用 BIM 模型，实现预制构件节点与装配组织方案的结合如图 5-31 所示，能够使预制节点拼装、劳动力部署、机械设备布置等各项工作的安排变得最为科学、高效、标准。有效地避免因装配失误而导致的建筑质量降低、现场返工、工期拖延、工程变更等情况。

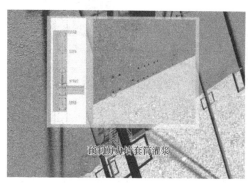

图 5-31　预制构件节点与装配组织方案结合

5.3.3　BIM 辅助成本管理

成本是工程项目的核心，对建筑行业来说，对成本的控制主要体现在工程造价管理上。工程造价管理信息化是工程造价管理活动的重要基础，是主导工程造价管理活动的发展方向。

在造价全过程管理中，运用信息技术能全面提升建筑业管理水平和核心竞争力，提高现有的工作效率，实现预制项目的利润最大化。BIM技术通过三维预制构件信息模型数据库，服务于建造的全阶段。

（1）预制建筑与BIM工程量

在预制项目的成本管理中工程量是不可缺少的基础，只有工程量做到准确才能对项目成本进行控制。通过BIM技术建立的三维模型数据库，在整个工程量统计工作中，企业无需抄图、绘图等重复工作量，从而降低工作强度，提高效率。此外，通过模型统计的工程量不会因为预制构件结构的形状或者管道的复杂而出现计算偏差。

（2）预制建筑与5D管理

预制混凝土建筑项目中利用BIM数据库的创建，通过3D预制构件与施工计划、构件价格等因素相关联，建立5D关联数据库。数据库可以准确快速计算预制构件工程量，提升施工预算的精度与效率。由于BIM数据库的数据粒度达到构件级，可以快速提供支撑项目各条线管理所需的数据信息，有效提升施工管理效率。同时BIM数据库可以实现任意一点上工程基础信息的快速获取，通过合同、计划与实际施工的消耗量、分项单价、分项合价等数据的多算对比，可以有效了解项目阶段运营盈亏，消耗量有无超标，进货分包单价有无失控等等问题，实现对项目成本风险的有效管控。5D成本管理如图5-32所示。

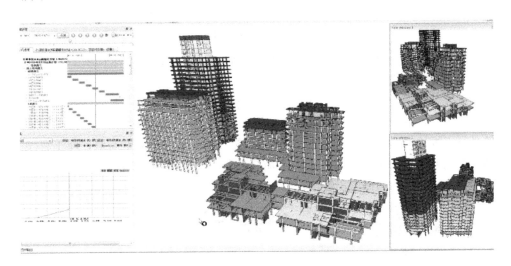

图 5-32　5D 成本管理

5.3.4　BIM 辅助施工质量监控

预制项目技术的质量是保证整个建筑产品合格的基础，预制工艺流程的标准化是预制施工能力的表现，正确的拆分、顺序和工法、合理的施工用料将对预制质量起到决定性的影响。在传统实际项目中，预制构件、材料的加工质量完全取决于施工人员的生产、施工水平。

BIM 标准化模型为技术标准建立提供数据平台，通过 BIM 软件动态模拟施工技术流程，标准化预制工艺流程的建立，通过精确计算确定，保证预制工法技术在实施过程中细节的可靠性，避免实际生产或拼装做法的不一致，减少不可预见状况的发生。施工质量对比如图 5-33 所示。

图 5-33　施工质量对比

为了确保预制混凝土建筑物的施工质量，在施工过程中，还可将 BIM 与数码设备相结合，对预制混凝土构件产品的外形、大小、裂缝、破损、金属配件和后期零部件的安装状态等进行数字化质量监测如图 5-34 所示。同样，BIM 数据设备（如：三维扫描仪）可以对预制建筑内机电管线的安装位置及状态关系、预制构件的留洞大小、现场尺寸及管线定位等进行三维比对测试。从而更有效地管理施工现场，监控施工质量，使工程项目的 BIM 数字化管理成为可能，项目管理方和质量监督人员能够第一时间获得资讯，减少返工量，提高建筑质量和确保施工进度。

图 5-34　数字化质量检测

5.4 BIM 应用案例

(1) 长春一汽装配式立体停车楼

停车楼总建筑面积 78834.64m²，共 7 层，单层建筑面积约 11000m²，建筑高度 24m。一层层高为 4.5m，二～七层层高为 3.2m，楼长约 100m，宽约 100m。该楼采用全装配式钢筋混凝土剪力墙-梁柱结构体系，设防烈度为 7 度。预制柱与柱等竖向构件连接主要通过半灌浆直螺纹套筒进行连接，预制水平构件与竖向构件间连接形式为"干式连接"，如焊接和螺栓连接。该停车楼预制构件有双 T 板、单 T 板、墙、柱、PL 梁、LL 梁、楼梯 8 种类型构件，共计 3788 块，除 T 板上有 80mm 厚现浇结合层外，其他都为预制，预制率达 95% 以上。项目 BIM 模型如图 5-35 所示。

本工程为全国首例停车楼大型共建项目，采用全预制装配式集成技术，并结合绿色建筑技术，在设计、施工、构件生产、技术监督和工程管理整个全预制装配过程中实现了技术的集成整合和创新。本工程不仅完成工业化主体结构设计，同时完成预制构件拆分深化设计、建筑信息化 BIM 构件动画仿真模拟吊装施工的全过程一体化设计，将建筑工业化的设计理念贯穿与各个设计阶段中。

停车楼平面为矩形布置，停车楼主要荷载为小客车停放荷载，屋面为不上人屋面，抗震设防类别为丙级；竖向构件主要为预制混凝土剪力墙和柱，平面 X 向和 Y 方向都有布置；水平构件主要为预制预应力双 T 板、预制倒 T 梁和预制连梁；预制双 T 板板顶现场浇筑 8cm 厚现浇混凝土叠合层，加强楼屋盖的自身刚度和整体性，增强各预制柱及预制剪力墙在平面内的联系；水平构件通过竖向构件上预留的预制混凝土牛腿竖向传力。

竖向荷载作用在楼、屋盖上主要通过预制预应力混凝土双 T 板传递力，再通过竖向构件上预留的预制混凝土牛腿将竖向力传递给预制混凝土剪力墙或通过预制梁传递到预制柱上。其竖向荷载传力途径如图 5-36 所示。

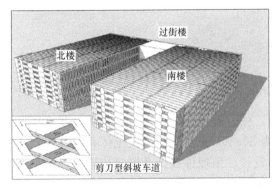

图 5-35　项目 BIM 模型

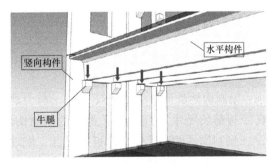

图 5-36　竖向荷载传力途径

结构水平力由预制双 T 板及上部现浇叠合层共同受力并传递竖向力给竖向构件。水平力传递的过程中，叠合楼板与竖向构件之间存在面内的剪力及拉力，主要通过叠合层与预制剪力墙之间的混凝土粗糙面、连接钢筋，以及预制双 T 板顶的预埋件与预制剪力墙埋件的钢板焊接件传递应力。其水平荷载传力途径如图 5-37 所示。

通过 BIM 进行深化设计，包括：竖向构件和水平构件连接节点设计，预制双 T 板设计，预制剪力墙设计，预制柱设计，预制梁设计（倒 T 梁、连梁），预制楼梯设计。竖向

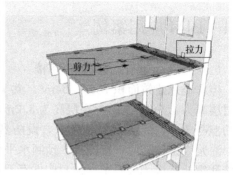

图 5-37　水平荷载传力途径

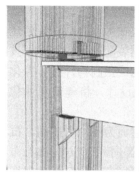
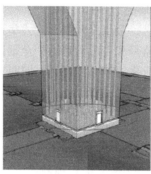

图 5-38　竖向构件连接

构件的连接主要以预制混凝土剪力墙和预制混凝土柱上下层构件的连接为主。上下墙之间的水平接缝处纵筋连接主要为钢筋灌浆套筒连接，水平缝上下结合面为粗糙面，缝隙用灌浆料填实。竖向缝大部分为开封设计，只有在结构平面纵横交接处和增强结构的整体性要求的地方做预埋件螺栓连接或焊接连接，竖向构件连接如图 5-38 所示，水平构件连接如图 5-39 所示。

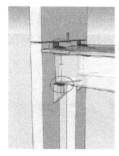
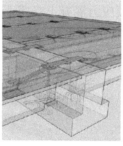
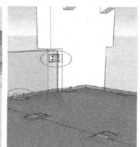

图 5-39　水平构件连接

预制构件类型包括预制双 T 板、剪力墙板、柱、倒 T 梁、连梁和楼梯等，其中预制双 T 板最长尺寸为 17.25m，最重的预制构件为 20.3t，预制构件混凝土体积总计 1.5 万 m³。预制构件的设计包括模板图设计、配筋图设计、预埋件设计及连接构造的设计，其中预制双 T 板的设计是此项目的重点和难点。构件类型图如图 5-40 所示。

对构件吊装及节点连接进行模拟，检验吊装方案的合理性，同时指导现场吊装。图 5-41 为项目施工过程全貌。

在项目的设计过程采用以 BIM 技术为代表的三维数字化技术，改变传统工程设计模式，在设计全过程采用三维可视化数字技术，优化预制构件设计、优化模板设计并进行计算机动画模拟吊装组装施工，实现设计模式创新和设计精细化。BIM 技术在停车楼深化设计及吊装模拟上的应用大大简化了深化设计工作量，缩短了准备阶段的工期，增强了标准化通用性，优化大

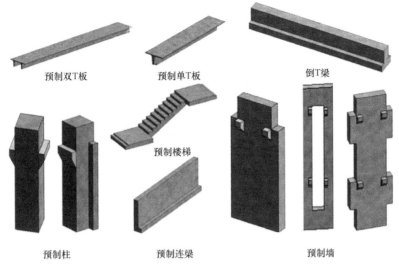

预制双T板　　　　预制单T板　　　　倒T梁

预制楼梯

预制柱　　　　　　预制连梁　　　　　　预制墙

图 5-40　构件类型图

图 5-41　项目施工过程全貌

量的异形构件，从而使方案达到优化，其间接产生经济效益约 20 万元。

（2）中建虹桥生态商务商业社区项目售楼处

本项目位于上海青浦区蟠中路及蟠祥路交叉口处，为上海中建虹桥生态商务商业社区项目配套的售楼中心。建筑面积 1103m²，建筑高度 8.95m，两层框架结构，大跨部分为预应力结构，采用预制装配整体式方法建造，预制装配率约 61.5%。结构形式为预应力框架结构，结构施工采用装配式建造技术，首次将装配整体式预应力混凝土框架结构体系应用于实际工程中。其结构整体三维模型如图 5-42 所示。

图 5-42　结构整体三维模型

本工程全过程采用 BIM 技术。在深化设计阶段，应用 BIM 技术，对预制构件尺寸、钢筋及埋件建立三维模型，如图 5-43 所示，并对其位置进行碰撞检查，如图 5-44 所示。在施工阶段，应用 BIM 技术，进行施工工况模拟，如图 5-45 所示。本工程依托 BIM 技术，在保证结构安全的前提下做到预制率最大化。图 5-46 为现场施工图。

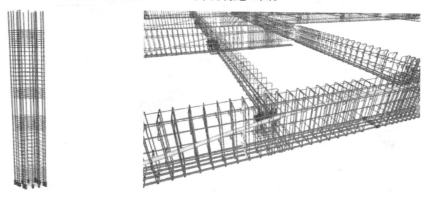

图 5-43 梁、柱配筋三维模型

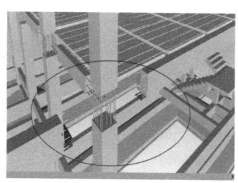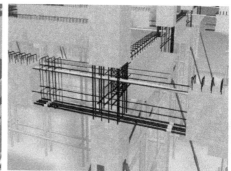

图 5-44 碰撞检查

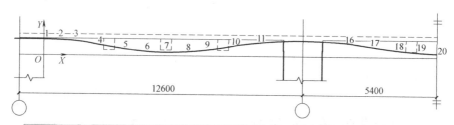

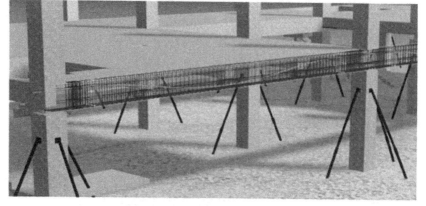

图 5-45 施工工况模拟

图 5-46　现场施工图

（3）深圳市职工继续教育学院新校区

深圳市职工继续教育学院新校区建设工程项目位于深圳市坪山新区，创景路以西与兰田路以南，总建筑面积 80525m²。建筑共分为 13 栋，除 2 号楼、3 号楼、11 号楼为高层建筑外，其余均为多层建筑，主要功能有：教学区、办公区、实验区、图书馆、宿舍楼等。项目总体效果图如图 5-47 所示。其主要结构形式为框架结构，最大跨度为 44m，局部采用预制外挂墙板如图 5-48 所示。

图 5-47　项目总体效果图

由于原设计轴距尺寸不一，按照该轴距进行拆分后，墙板类型过多，通过在柱边做构造墙柱的方法，对轴距进行统一，从而减少构件尺寸，如图 5-49 所示。

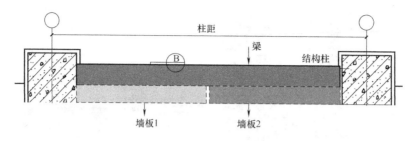

图 5-48 预制外挂墙板

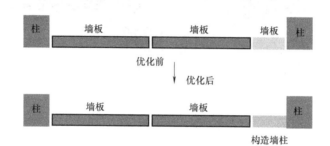

图 5-49 外挂墙板拆分优化

原窗口位置上下层不统一,利用 BIM 对其进行位置调整,如图 5-50 所示。

图 5-50 外挂墙板拆分优化

原窗口尺寸大且分散,对其进行合并后居中,如图 5-51 所示。图 5-52 为使用 BIM 拆分后的图。表 5-9 为经过 BIM 自动计算得到的各个构件种类数量。图 5-53 为建成后的墙体图。

构件种类和个数 表 5-9

楼号	构件种类	构件个数
	类	个
5	15	86
6	9	45
7	10	108
8	8	72
10	9	119
12	20	124
合计	55	554

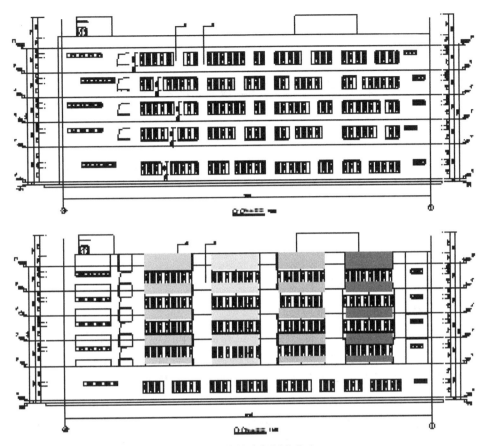

图 5-51　外挂墙板拆分优化

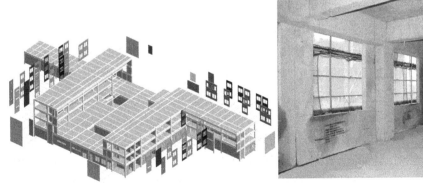

图 5-52　BIM 拆分图

图 5-53　建成后的墙体

第6章 施工验收与成本控制

本章学习要点:

掌握施工验收与检测的标准和方法,掌握结构性能检验的方法,了解装配式结构的成本构成及其影响因素,了解降低成本的主要措施。

6.1 施工验收与检测

6.1.1 预制构件进场验收

6.1.1.1 预制构件进场验收

对工厂生产的预制构件,进场时施工单位和监理单位应对进场构件进行质量检查,应检查其质量证明文件和表面标识,并检查构件外观质量、尺寸偏差。预制构件的质量、标识应符合《混凝土结构工程施工质量验收规范》及国家现行相关标准、设计的有关要求。

预制构件的标识应清晰、可靠,以确保能够识别预制构件的"身份"(见图6-1),并在施工全过程中对发生的质量问题可追溯;质量证明文件(见图6-2)包括产品合格证和混凝土强度检验报告,对于钢筋、混凝土原材料及构件制作过程中应参照《混凝土结构工程施工质量验收规范》有关规定进行检验,过程检验的各种合格证明文件在预制构件进场时可不提供,但应保留在构件生产企业,以便需要时查阅(注:当施工单位或监理单位代表未驻场监督构件生产过程时,构件进场时,应对构件主要受力钢筋数量、规格、间距、保护层厚度及混凝土强度进行实体检验,并对构件进行结构性能检测)。

6.1.1.2 预制构件进场验收标准

装配整体式混凝土结构中存在大量的接缝,且接缝往往处于结构受力较大或较为复杂的部位,因此接缝性能对结构的承载力、刚度都会有很大影响。所以混凝土粗糙面的处理必须符合设计的要求,要对其质量进行严格的检查。《混凝土结构设计规范》GB 50010 和《装配式混凝土结构技术规程》JGJ 1 要求,"预制板的粗糙面凹凸深度不应小于4mm,预制梁端、预制柱端、预制墙端的粗糙面凹凸深度不应小于6mm",另外《装配式混凝土结构技术规程》JGJ 1 还规定,"粗糙面的面积不宜小于结合面的80%"。混凝土粗糙面如图6-3所示。

构件进场前应检查其外观质量,见图 6-4,预制构件的外观质量应符合表 6-1 中的规定。

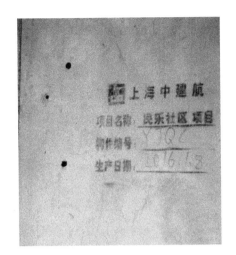

图 6-1　构件表面标识

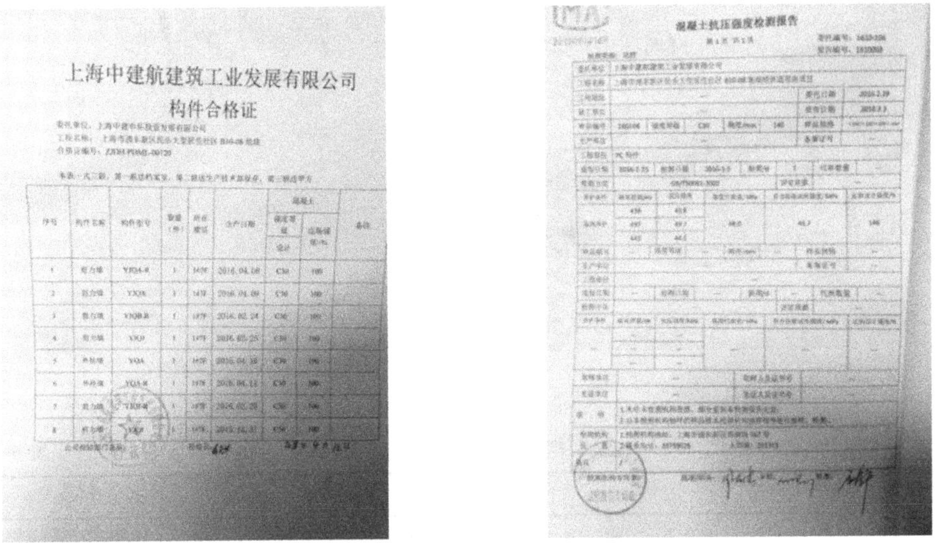

图 6-2　构件质量证明文件

图 6-3　混凝土粗糙面

图 6-4 构件外观质量检查

预制构件的外观质量应符合   表 6-1

项目		允许偏差	检验方法
长度	板	±4	钢尺检查
	墙板	±4	
宽度	板、墙板	0，−4	钢尺量一端及中部,取其中较大值
高(厚)度	板	+2，−3	钢尺量一端及中部,取其中较大值
	墙板	0，−4	
侧向弯曲	板	$L/1000$，且≤15	拉线,钢尺量最大侧向弯曲处
	墙板	$L/1000$，且≤15	
对角线差	板	6	钢尺量两个对角线
	墙板	4	
表面平整度	板、墙板	3	2m靠尺和塞尺检查
翘曲	板、墙板	$L/1500$	调平尺在两端量测
预埋钢板	中心线位置	4	靠尺和塞尺检查
	安装平整度	5	

项目		允许偏差	检验方法
插筋	中心线位置	5	钢尺检查
	外露长度	+8,0	
预埋吊环	中心线位置	5	钢尺检查
	外露长度	+8,0	
预留洞	中心线位置	5	钢尺检查
	尺寸	+8,0	
预埋管、预留孔洞中心线位置		3	钢尺检查
预埋接驳器中心线位置		5	钢尺检查

6.1.1.3 预制构件进场验收标准

预制构件的外观质量不应有严重缺陷，且不应有影响结构性能和安装、使用功能的尺寸偏差，构件常见的外观质量缺陷分类见表6-2，部分构件常见的外观质量缺陷见图6-5，对于出现的严重缺陷及影响结构性能和安装、使用功能的尺寸偏差的构件，应予以退场处理。

检查数量：按同一生产企业、同一品种的构件，不超过100个为一批，每批抽查构件数量的5%，且不少于3件。

构件常见的外观质量缺陷分类 表6-2

名称	现象	质量要求	检验方法
露筋	构件内钢筋未被混凝土包裹而外漏	主筋不应有，其他允许有少量	观察
蜂窝	混凝土表面缺少水泥砂浆而形成石子外漏	主筋部位和搁置点位置不应有，其他允许有少量	观察
孔洞	混凝土中孔穴深度和长度均超过保护层厚度	不应有	观察
裂缝	缝隙从混凝土表面延伸至混凝土内部	影响结构性能的裂缝不应有，不影响结构性能或使用功能的裂缝不宜有	观察
连接部位缺陷	构件连接处混凝土缺陷及连接钢筋、连接松动	不应有	观察
外形缺陷	内表面缺棱角、棱角不直、翘曲不平等外表面面砖粘接不牢、位置偏差、面砖嵌缝没有达到横平竖直、转角面砖棱角不值、面砖表面翘曲不平等	清水表面不应有，混水表面不宜有	观察
外表缺陷	构件内表面麻面、掉皮、起砂、污染等外表面面砖污染、铝窗框保护纸破坏	清水表面不应有，混水表面不宜有	观察

6.1.2 构件安装质量检查

6.1.2.1 构件的安装质量检查

装配式混凝土构件安装过程的临时支撑和拉结应具有足够的承载力和刚度，每件预制墙板安装过程中的临时支撑不宜少于2道，临时斜撑宜设置调节装置，支撑点位置举例板底不宜大于板高的2/3，且不应小于板高的1/2，预制墙板底部限位不少于2个，间距不大于4m，可以少用斜撑杆或者L形连接件，构件临时支撑见图6-6。

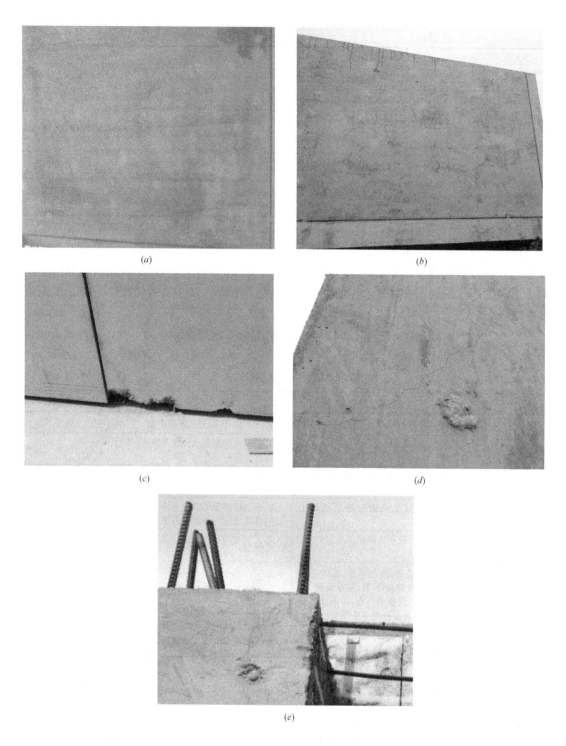

图 6-5　部分构件常见的外观质量实例

(a) 保护层设置不到位构件印筋；(b) 模板清理不干净构件锈斑色差；

(c) 构件缺棱掉角构件；(d) 运输过程中磕碰导致裂缝；(e) 钢筋偏位

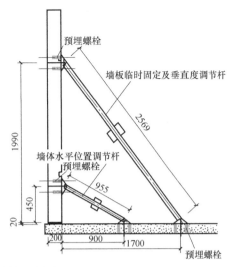

图 6-6 构件支撑固定图

预制构件安装就位，应根据水准点和轴线校正构件位置（见图 6-7）。预制构件吊装尺寸偏差应符合表 6-3 的规定。

检查数量：全数检查。

检验方法：观察，靠尺、钢尺检查。

图 6-7　PC 构件垂直度及轴线检查

装配式吊装尺寸允许偏差（mm）　　　　　　　　　　　　表 6-3

项目	允许检查	检验方法
轴线位置	5	钢尺检查
底模上表面标高	±5	水准仪或拉线、钢尺检查
每块外墙板垂直度	5	2m 靠尺检查（四角预埋件线位）
相邻两板表面高低差	2	2m 靠尺和塞尺检查
外墙板外表面平整度（含面砖）	3	2m 靠尺和塞尺检查
空腔处两板对接对缝偏差	±3	钢尺检查
外墙板单边尺寸偏差	±3	钢尺量一端及中部，取其中较大值
连接件位置偏差	±5	钢尺检查
斜撑杆位置偏差	±20	钢尺检查

6.1.2.2 构件的连接质量控制

装配整体式结构构件连接可采用焊接连接、螺栓连接、套筒连接和钢筋浆锚搭接连接等形式，装配整体式结构的现浇混凝土连接施工应符合下列规定：

（1）构件连接处现浇混凝土的强度等性能指标应满足设计要求，如设计无要求时，现浇混凝土的强度等级不应低于连接处预制构件混凝土强度等级的较大值；

（2）浇筑前应清除浮浆、松散骨料和污物，并应采取湿润的技术措施；

（3）现浇混凝土连接处应一次连续浇筑密实。

采用钢筋套筒灌浆连接时（见图6-8），应按设计要求检查套筒中连接钢筋的位置和长度，套筒灌浆施工尚应符合下列规定：

（1）灌浆前应预定套筒灌浆操作的专项保证措施，灌浆全过程应有质量监控；

（2）灌浆料应按照配比要求计算灌浆材料和水的用量，经搅拌均匀后测定其流动度满足设计要求后方可注浆；

（3）灌浆作业应采取压浆法从下口灌浆，当浆料从上口流出时应及时封堵，持压30s后再封堵下口；

（4）灌浆作业应及时做好施工质量检查记录，每工作班制作一组试件；

（5）灌浆作业时应保证浆料在48h凝结硬化过程中连接部位温度不低于10℃。

  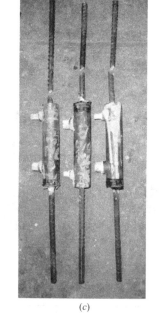

(a)　　　　　　　　　　　(b)　　　　　　　　　　　(c)

图6-8　钢筋套筒灌浆连接图

钢筋水平连接时，灌浆套筒应各自独立灌浆。竖向构件宜采用连通腔灌浆，并应合理划分连通灌浆区域；每个区域除预留灌浆孔、出浆孔与排气孔外，应形成密闭空腔，不应漏浆；连通灌浆区域内任意两个灌浆套筒间距不宜超过1.5m。剪力墙灌浆施工如图6-9所示。

对水平钢筋套筒灌浆连接，灌浆作业应采用压浆法从灌浆套筒灌浆孔注入，当灌浆套筒灌浆孔、出浆孔的连接管或接头处的灌浆拌合物均高于灌浆套筒外表面最高点时应停止灌浆，并及时封堵灌浆孔、出浆孔。灌浆料宜在加水后30min内用完。散落的灌浆料拌

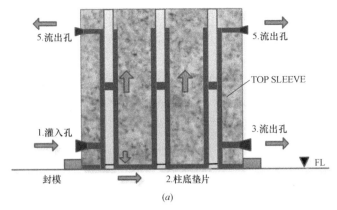

5.流出孔   5.流出孔

TOP SLEEVE

1.灌入孔   3.流出孔

▽ FL

封模   2.柱底垫片

(a)

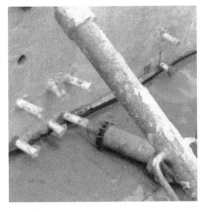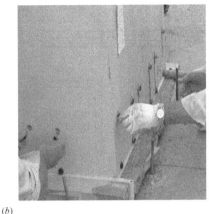

(b)

图 6-9 剪力墙灌浆施工

合物不得二次使用，剩余的拌合物不得再次添加灌浆料、水后混合使用。灌浆料同条件养护试件抗压强度达到 35MPa 后，方可进行下一道工序施工；临时固定措施的拆除应在灌浆料抗压强度能确保结构达到后续施工承载要求后进行。

当灌浆施工出现无法出浆的情况时，应查明原因，采取的施工措施应符合下列规定：对于未密实饱满的竖向连接灌浆套筒，当在灌浆料加水拌合 30min 内时，应首选在灌浆孔补浆；当灌浆料拌合物已无法流动时，可从出浆孔补灌，并应采用手动设备结合细管压力灌浆。补灌应在灌浆料拌合物达到设计规定的位置后停止，并应在灌浆料凝固后再次检查其位置符合设计要求。

6.1.3 接缝施工质量及防水性能

6.1.3.1 PC 板水平拼缝

PC 外墙板之间、外墙板与楼面做成高低口，在凹槽地方粘贴橡胶条。在外墙板安装完毕、楼层混凝土浇捣后，再将橡胶条粘贴在外墙板上口，待上面一层外墙板吊装时坐落其上，利用外墙板自重将其压实，起到防水效果。主体结构完成后，在橡胶条外侧进行密封胶施工，见图 6-10。

6.1.3.2 预制混凝土夹芯板垂直缝防水构造

绝热夹芯板垂直缝设空腔构造，使垂直缝防水材料内侧形成上下贯通的透气孔，并在顶层女儿墙设透气管及三层底部设置排水管引出空腔内积水。外保温接缝处，首先采用聚氯乙烯棒塞紧，然后用耐候胶填缝。外墙外保温缝隙防水处理如图 6-11 所示。

6.1.3.3 密封胶施工步骤

材料准备（纸箱的批号确认→罐的批号确认→涂布枪及金刮刀→平整刮刀）→除去异物→毛刷清理→干燥擦拭→溶剂擦拭→防护胶带粘贴→密封胶混合搅拌→向胶枪内填充→接缝填充及刮刀平整→防护胶带去除→使用工具清理

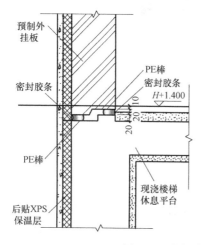 

图 6-10 某保障房项目水平缝防水节点

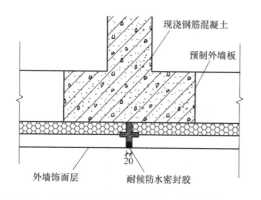

图 6-11 某保障房项目外墙外保温缝隙防水处理图

6.1.3.4 淋水试验方法

（1）按常规质量验收要求对外墙面、屋面、女儿墙进行淋水试验。

（2）喷嘴离接缝的距离为 300mm。

（3）重点对准纵向、横向接缝以及窗框进行淋水试验。

（4）从最低水平接缝开始，然后是竖向接缝，接着是上面的水平接缝。

（5）注意事项：仔细检查预制构件的内部，如发现漏点，做出记号，找出原因，进行修补。

（6）喷水时间：每 1.5m 接缝喷 5 分钟。

（7）喷嘴进口处的水压：210～240kPa（预制面垂直，慢慢沿接缝移动喷嘴）。

（8）喷淋试验结束以后观察墙体的内侧是否会出现渗漏现象，如无渗漏现象出现即可认为墙面防水施工验收合格。

（9）淋水过程中在墙的内外进行观察，做好记录。

6.2 结构性能检验

结构性能检验是预制混凝土构件重要的质量控制方式，它通过抽样试验直接判定同批构件实际的性能是否满足设计规范或设计要求具有以实证性的试验为手段和直接验证构件整体性能的两个突出特点。相对于中间质量控制环节，结构性能检验在一定程度上是对构件质量的最终判定。

预制构件应按标准图或设计要求的试验参数及指标进行结构性能检验。

钢筋混凝土构件和允许出现裂缝的预应力混凝土构件进行承载力、挠度和裂缝宽度检验；不允许出现裂缝的预应力混凝土构件进行承载力、挠度和抗裂检验；预应力混凝土构件中非预应力杆件按钢筋混凝土构件的要求进行检验。对设计成熟、生产数量较少的大型构件，当采取加强材料和制作质量检验的措施时，可仅作挠度、抗裂和裂缝宽度检验；当采取上述措施并有可靠的实践经验时，可不做结构性能检验。

对成批生产的构件，应按同一工艺正常生产的不超过 1000 件且不超过 3 个月的同类型产品为 1 批。当连续检验 10 批且每批的结构性能检验结果均符合本规范规定的要求时，对同一工艺正常生产的构件，可改为不超过 2000 件且不超过 3 个月的同类型产品为 1 批。在每批中应随机抽取 1 个构件作为试件进行检验。

其中，"加强材料和制作质量检验的措施"包括下列内容：

钢筋进场检验合格后，在使用前在对用作构件受力主筋的同批钢筋按不超过 5t 抽取一组试件，并经检验合格；对经逐盘检验的预应力钢丝，可不再抽样检查。

受力主筋焊接接头的力学性能，应按国家现行标准《钢筋焊接及验收规程》JGJ 18 检验合格后，再抽取一组试件，并经检验合格。

混凝土按 5m³ 且不超过半个工作班生产的相同配合比的混凝土，留置一组试件，并经检验合格。

受力主筋焊接接头的外观质量、入模后的主筋保护层厚度、张拉预应力总值和构件的截面尺寸等，应逐件检验合格。

"同类型产品"是指同一钢种、同一混凝土强度等级、同一生产工艺和同一结构形式的构件。对同类型产品进行抽样检验时，试件宜从设计荷载最大、受力最不利或生产数量最多的构件中抽取。对同类型的其他产品，也应定期进行抽样检验。

预制构件的检验规定：

1. 预制构件承载力应按下列规定进行检验：

（1）当按现行国家标准《混凝土结构设计规范》GB 50010 的规定进行检验时，应符合下列公式的要求：

$$\gamma_u^0 \geqslant \gamma_0[\gamma_u] \tag{6-1}$$

式中　γ_u^0——构件的承载力检验系数实测值，即试件的荷载实测值与荷载设计值（均包括自重）的比值；

　　　γ_0——结构的重要性系数，按设计要求确定，当无专门要求时取 1.0；

　　　$[\gamma_u]$——构件的承载力检验系数允许值见表 6-4。

构件的承载力检验系数允许值　　　　　　　　　　　　　　　表 6-4

序号	受力情况	达到承载力检验系数允许值		$[\gamma_u]$
1	轴心受拉、偏心受拉、受弯、大偏心受压	受拉主筋处的最大裂缝宽度达到 1.5mm，或挠度达到跨度的 1/50	热轧钢筋	1.20
2			钢丝、钢绞线、热处理钢筋	1.35

序号	受力情况	达到承载力检验系数允许值		$[\gamma_u]$
3	轴心受拉、偏心受拉、受弯、大偏心受压	受压区混凝土破坏	热轧钢筋	1.30
4			钢丝、钢绞线、热处理钢筋	1.45
5		受拉主筋拉断		1.50
6	受弯构件受剪	腹部斜裂缝达到 1.5mm，或斜裂缝末端受压混凝土剪压破坏		1.40
7		沿斜截面混凝土斜压破坏，受拉主筋在端部滑脱或其他锚固破坏		1.55
8	轴心受压、小偏心受压	混凝土受压破坏		1.50

注：热轧钢筋系指 HPB300 级、HRB335 级、HRB400 级和 RRB400 级钢筋。

（2）当按构件实配钢筋进行承载力检验时，应符合下列公式的要求：

$$\gamma_u^0 \geqslant \gamma_0 \eta [\gamma_u] \tag{6-2}$$

式中　η——构件承载力检验修正系数，根据现行国家标准《混凝土结构设计规范》GB 50010 按实配钢筋的承载力计算确定。

承载力检验的荷载设计值是指承载能力极限状态下，根据构件设计控制截面上的内力设计值与构件检验的加载方式，经换算后确定的荷载值（包括自重）。

2. 预制构件的挠度应按下列规定进行检验：

（1）当按现行国家标准《混凝土结构设计规范》GB 50010 规定的挠度允许值进行检验时，应符合下列公式的要求：

$$a_s^0 \leqslant [a_s] \tag{6-3}$$

$$[\alpha_s] = \frac{M_k}{M_q(\theta-1)+M_k} [a_f] \tag{6-4}$$

式中　$[a_s^0]$——在荷载标准值下的构件挠度实测值；

　　　$[a_s]$——挠度检验允许值；

　　　$[a_f]$——受弯构件的挠度限值，按现行国家标准《混凝土结构设计规范》GB 50010 确定；

　　　M_k——按荷载标准组合计算的弯矩值；

　　　M_q——按荷载准永久组合计算的弯矩值；

　　　θ——考虑荷载长期作用对挠度增大的影响系数，按现行国家标准《混凝土结构设计规范》GB 50010 确定。

（2）当按构件实配钢筋进行挠度检验或仅检验构件的挠度、抗裂或裂缝宽度时，应符合下列公式的要求：

$$\alpha_s^0 \leqslant 1.2\alpha_s^c \tag{6-5}$$

式中　α_s^c——在荷载标准值下按实配钢筋确定的构件挠度计算值，按现行国家标准《混凝土结构设计规范》GB 50010 确定。

同时，还应符合公式（6-3）的要求。

正常使用极限状态检验的荷载标准值是指正常使用极限状态下，根据构件设计控制截面上的荷载标准组合效应与构件检验的加载方式，经换算后确定的荷载值。

注：直接承受重复荷载的混凝土受弯构件，当进行短期静力加荷试验时，α_s^c 值应按正常使用极限状

态下静力荷载标准组合相应的刚度值确定。

3. 预制构件的抗裂检验应符合下列公式的要求：

$$\gamma_{cr}^0 \geqslant [\gamma_{cr}] \tag{6-6}$$

$$[\gamma_{cr}] = 0.95 \frac{\sigma_{pc} + \gamma f_{tk}}{\sigma_{ck}} \tag{6-7}$$

式中　γ_{cr}^0——构件的抗裂检验系数实测值，即试件的开裂荷载实测值与荷载标准值（均包括自重）的比值；

　　$[\gamma_{cr}]$——构件的抗裂检验系数允许值；

　　σ_{pc}——由预加力产生的构件抗拉边缘混凝土法向应力值，按现行国家标准《混凝土结构设计规范》GB 50010确定；

　　γ——混凝土构件截面抵抗矩塑性影响系数，按现行国家标准《混凝土结构设计规范》GB 50010计算确定；

　　f_{tk}——混凝土抗拉强度标准值；

　　σ_{ck}——由荷载标准值产生的构件抗拉边缘混凝土法向应力值，按现行国家标准《混凝土结构设计规范》GB 50010确定。

4. 预制构件的裂缝宽度检验应符合下列公式的要求：

$$\omega_{s,max}^0 \leqslant [\omega_{max}] \tag{6-8}$$

式中　$\omega_{s,max}^0$——在荷载标准值下，受拉主筋处的最大裂缝宽度实测值（mm）；

　　$[\omega_{max}]$——构件检验的最大裂缝宽度允许值，见表6-5。

构件检验的最大裂缝宽度允许值（mm）　　　　　　　　　　表6-5

设计要求的最大裂缝宽度限值	0.2	0.3	0.4
$[\omega_{max}]$	0.15	0.20	0.25

5. 预制构件的性能检验结果应按下列规定验收：

（1）当试件结构性能的全部检验结果均符合上述1~4的检验要求时，该批构件的结构性能应通过验收。

（2）当第一个试件的检验结果不能全部符合上述要求，但又能符合第二次检验的要求时，可再抽两个试件进行检验。第二次检验的指标，对承载力及抗裂检验系数的允许值应取上述1和3规定的允许值减0.05；对挠度的允许值应取上述2规定允许值的1.10倍。当第二次抽取的两个试件的全部检验结果均符合第二次检验的要求时，该批构件的结构性能可通过验收。

（3）当第二次抽取的第一个试件的全部检验结果均已符合上述1~4的要求时，该批构件的结构性能可以通过验收。

6. 预制构件结构性能检验方法：

（1）检验准备：

构件在实验前应将表面刷白，并分格画线，分格大小可按构件尺寸确定。

对试验用的设备及仪表，应进行标定或校正。

（2）检验装置：

1）简支板用重物加载装置如图6-12所示。

2）杠杆加载装置如图6-13所示。

3）简支梁用千斤顶分配梁加载装置如图 6-14 所示。

4）桁架用千斤顶加载装置如图 6-15 所示。

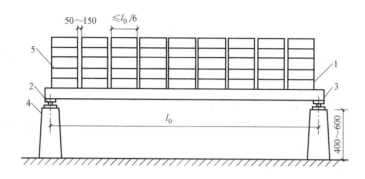

图 6-12　简支板用重物加载装置

1—试验板；2—滚动铰支座；3—固定铰支座；4—支墩；5—重物

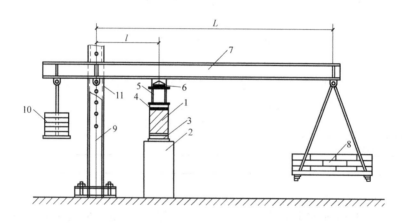

图 6-13　杠杆加载装置

1—试件；2—支墩；3—试件铰支座；4—分配梁铰支座；5—分配梁；6—刀口支点；
7—杠杆；8—加载重物；9—杠杆拉杆；10—平衡杠杆自重的平衡重；11—钢梢（支点）

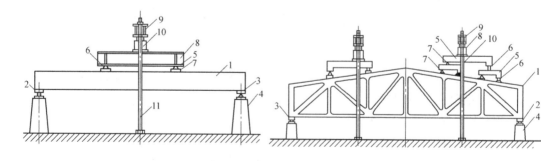

图 6-14　简支梁用千斤顶分配梁加载装置

1—试件梁；2—滚动铰支座；3—固定铰支座；4—支墩；
5—分配梁滚动铰支座；6—分配梁固定铰支座；7—集中力下
的垫板；8—分配梁；9—横梁；10—千斤顶；11—拉杆

图 6-15　桁架用千斤顶加载装置

1—试件桁架；2—固定铰支座；3—滚动铰支座；
4—支墩；5—分配梁；6—分配梁滚动铰支座；
7—分配梁固定铰支座；8—千斤顶；
9—横梁；10—拉杆

（3）加载方法：

加载方法应根据标准图或设计的加载要求、构件类型及设备条件等进行选择。当按不同形式荷载组合进行加载试验（包括均布荷载、集中荷载、水平荷载和竖向荷载等）时，各种荷载应按比例增加。

1）荷重块加载

荷重块加载适用于均布加载试验。荷重块应按区格成垛堆放，垛与垛之间间隙不宜小于 50mm。

2）千斤顶加载

千斤顶加载适用于集中加载试验。千斤顶加载时，可采用分配梁系统实现多点集中加载。千斤顶的加载值宜采用荷载传感器量测，也可采用油压表量测。

3）水平对顶加载

梁或桁架可采用水平对顶加载方法，此时构件应垫平且不应妨碍构件在水平方向的位移。梁也可以采用竖直对顶加载的方法。

（4）加载程序：

1）构件应分级加载。当荷载小于荷载标准值时，每级荷载不应大于荷载标准值的 20%；当荷载大于荷载标准值时，每级荷载不应大于荷载标准值的 10%；当荷载接近抗裂检验荷载值时，每级荷载不应大于荷载标准值的 5%；当荷载接近承载力检验荷载值时，每级荷载不应大于承载力检验荷载设计值的 5%。

对仅作挠度、抗裂或裂缝宽度检验的构件应分级卸载。

作用在构件上的试验设备重量及构件自重应作为第一次加载的一部分。

注：构件在试验前，宜进行预压，以检查试验装置的工作是否正常，同时应防止构件因预压而产生裂缝。

2）每级加载完成后，应持续 10～15min；在荷载标准值作用下，应持续 30min。在持续时间内，应观察裂缝的出现和开展，以及钢筋有无滑移等；在持续时间结束时，应观察并记录各项读数。

3）对构件进行承载力检验时，应加载至构件出现上表所列承载能力极限状态的检验标志。当在规定的荷载持续时间内出现上述检验标志之一时，应取本级荷载值与前一级荷载值的平均值作为其承载能力检验荷载实测值；当在规定的荷载持续时间结束后出现上述检验标志之一时，应取本级荷载值作为其承载力检验荷载实测值。

注：当受压构件采用试验机或千斤顶加载时，承载力检验荷载实测值应取构件直至破坏的整个试验过程中所达到的最大荷载值。

（5）挠度检验：

1）构件挠度可用百分表、位移传感器、水平仪等进行观测。接近破坏阶段的挠度，可用水平仪或拉线、钢尺等测量。

试验时，应量测构件跨中位移和支座沉陷。对宽度较大的构件，应在每一量测截面的两边或两肋布置测点，并取其量测结果的平均值作为该处的位移。

当试验荷载竖直向下作用时，对水平放置的构件，在各级荷载下的跨中挠度实测值应按下列公式计算：

$$a_t^0 = a_q^0 + a_g^0 \qquad (6\text{-}9)$$

$$a_q^0 = v_m^0 - \frac{1}{2}(v_1^0 + v_r^0) \tag{6-10}$$

$$a_g^0 = \frac{M_g}{M_b} a_b^0 \tag{6-11}$$

式中　a_t^0——全部荷载作用下构件跨中的挠度实测值（mm）；

$\quad\quad a_q^0$——外加试验荷载作用下构件跨中的挠度实测值（mm）；

$\quad\quad a_g^0$——构件自重及加荷设备重产生的跨中挠度值（mm）；

$\quad\quad v_m^0$——外加试验荷载作用下构件跨中的位移实测值（mm）；

$\quad v_1^0$、v_r^0——外加试验荷载作用下构件左、右端支座沉陷位移的实测值（mm）；

$\quad\quad M_g$——构件自重和加荷设备重产生的跨中弯矩值（kN·m）；

$\quad\quad M_b$——从外加试验荷载开始至构件出现裂缝的前一级荷载为止的外加荷载产生的跨中弯矩值（kN·m）；

$\quad\quad a_b^0$——从外加试验荷载开始至构件出现裂缝的前一级荷载为止的外加荷载产生的跨中挠度实测值（mm）。

2）当采用等效集中力加载模拟均布荷载进行试验时，挠度实测值应乘以修正系数 ψ。当采用三分点加载时 ψ 可取为 0.98；当采用其他形式集中力加载时，ψ 应经计算确定。

（6）安全措施：

试验时必须注意下列安全事项：

1）试验的加荷设备、支架、支墩等，应有足够的承载力安全储备。

2）对屋架等大型构件进行加载试验时，必须根据设计要求设置侧向支撑，以防止构件受力后产生侧向弯曲和倾倒；侧向支撑应不妨碍构件在其平面内的位移。

3）试验过程中应注意人身和仪表安全；为了防止构件破坏时试验设备及构件坍落，应采取安全措施（如在试验构件下面设置防护支撑等）。

对于所有不做结构性能检验的构件，可通过施工单位或监理单位代表驻场监督制作的方式进行质量控制，此时构件进场的质量证明文件应经监督代表确认。当无驻场监督时，预制构件进场时应对预制构件主要受力钢筋数量、规格、间距及混凝土强度、混凝土保护层厚度进行实体检验，具体可按以下原则执行：对所有进场时不做结构性能检验的预制构件，进场时的质量证明文件宜增加构件制作过程检查文件，如钢筋隐蔽工程验收记录、预应力筋张拉记录等。

6.3　成本控制

6.3.1　PC 建筑成本构成

6.3.1.1　建筑工程成本的构成

建筑工程成本是指建筑企业以项目作为成本核算对象的施工过程中所耗费的生产资料转移价值和劳动者的必要劳动所创造的价值的货币形式。它主要包括消耗的原材料、辅助材料、构配件等费用，周转材料的摊销费或租赁费，施工机械的使用费或租赁费，支付给生产工人的工资、奖金、工资性质的津贴等，以及进行施工组织与管理所发生的全部费用支出。其主要由直接成本和间接成本构成。

直接成本是指施工过程中耗费的构成工程实体和有助于工程形成的各项费用，其主要包括人工费、材料费和施工机械使用费。

1. 人工费：是指按工资总额构成规定，支付给从事建筑安装工程施工的生产工人和附属生产单位工人的各项费用。内容包括：

（1）计时工资或计件工资：是指按计时工资标准和工作时间或对已做工作按计件单价支付给个人的劳动报酬。

（2）奖金：是指对超额劳动和增收节支支付给个人的劳动报酬。如节约奖、劳动竞赛奖等。

（3）津贴补贴：是指为了补偿职工特殊或额外的劳动消耗和因其他特殊原因支付给个人的津贴，以及为了保证职工工资水平不受物价影响支付给个人的物价补贴。如流动施工津贴、特殊地区施工津贴、高温（寒）作业临时津贴、高空津贴等。

（4）加班加点工资：是指按规定支付的在法定节假日工作的加班工资和在法定日工作时间外延时工作的加点工资。

（5）特殊情况下支付的工资：是指根据国家法律、法规和政策规定，因病、工伤、产假、计划生育假、婚丧假、事假、探亲假、定期休假、停工学习、执行国家或社会义务等原因按计时工资标准或计时工资标准的一定比例支付的工资。

2. 材料费：是指施工过程中耗费的构成工程实体的原材料、辅助材料、构配件、零件、半成品的费用。其中包括：材料原价、材料运杂费、运输损耗费、采购及保管费、检验试验费（"检验试验费"在建标〔2013〕44号中已经归为"企业管理费"）、材料包装费。

（1）材料原价（或供应价格）：是指材料出厂价、市场采购价或进口材料价。

（2）材料运杂费：是指材料自来源地运至工地仓库或指定堆放地点所发生的全部费用，包括车、船等的运费、调车费或驳船费、装卸费及合理的运输损耗等。

1）调车费是指机车到非公用装货地点装货时的调车费用。

2）装卸费是指火车、汽车、轮船出入仓库时的搬运费。

3）材料运输损耗是指材料在运输、搬运过程中发生的合理（定额）损耗。

（3）运输损耗费：是指材料在运输装卸过程中不可避免的损耗。

（4）采购及保管费：是指为组织采购、供应和保管材料过程中所需要的各项费用。包括：采购费、仓储费、工地保管费、仓储损耗。

材料采购及保管费＝（材料加权平均原价＋供销部门手续费＋包装费＋运杂费）×采购及保管费率

采购及保管费率综合取定值一般为2.5%。各地区可根据实际情况来确定。

（5）检验试验费：是指对建筑材料、构件和建筑安装物进行一般鉴定、检查所发生的费用，包括自设试验室进行试验所耗用的材料和化学药品等费用。不包括新结构、新材料的试验费和建设单位对具有出厂合格证明的材料进行检验，对构件做破坏性试验及其他特殊要求检验试验的费用。

（6）材料包装费：是指为了便于储运材料，保护材料，使材料不受损失而发生的包装费用，主要指耗用包装品的价值和包装费用。

此外，还需考虑扣除包装品的回收价值。

1）材料包装费计算公式

材料包装费＝发生包装品的数量×包装品单价

2）包装品回收价值的确定

包装品回收价值＝材料包装费×包装品回收率×包装品残值率

3. 施工机械使用费：是指施工机械作业所发生的机械使用费以及机械安拆费和场外运输（大型机械除外）等费用。施工机械台班预算价格应按交通部公布的《公路工程机械台班费用定额》计算，台班单价由不变费用和可变费用组成。不变费用包括折旧费、大修理费、经常修理费、安装拆卸及辅助设施费等；可变费用包括机上人员人工费、动力燃料费、养路费及车船使用税。可变费用中的人工工日数及动力燃料消耗量，应以机械台班费用定额中的数值为准。台班人工费工日单价同生产工人人工费单价。动力燃料费用则按材料费的计算规定计算。

施工机械台班单价应由下列七项费用组成：

（1）折旧费：是指施工机械在规定的使用年限内，陆续收回其原值及购置资金的时间价值。

台班折旧费＝［机械预算价格×（1－残值率）］/耐用总台班数

耐用总台班数＝折旧年限×年工作台班

（2）大修理费：指施工机械按规定的大修理间隔台班进行必要的大修理，以恢复其正常功能所需的费用。

台班大修理费＝（一次大修理费×大修次数）/耐用总台班数

（3）经常修理费：指施工机械除大修理以外的各级保养和临时故障排除所需的费用。

（4）安拆费及场外运费：安拆费指施工机械在现场进行安装与拆卸所需的人工、材料、机械和试运转费用以及机械辅助设施的折旧、搭设、拆除等费用；场外运费指施工机械整体或分体自停放地点运至施工现场或由一施工地点运至另一施工地点的运输、装卸、辅助材料及架线等费用。

（5）人工费：指机上司机（司炉）和其他操作人员的工作日人工费及上述人员在施工机械规定的年工作台班以外的人工费。

（6）燃料动力费：指施工机械在运转作业中所消耗的固体燃料（煤、木柴）、液体燃料（汽油、柴油）及水、电等。

（7）养路费及车船使用税：指施工机械按照国家规定和有关部门规定应缴纳的养路费、车船使用税、保险费及年检费等。

间接成本是指建筑安装企业组织施工生产和经营管理所需的费用，内容包括：

1. 管理人员工资：是指按规定支付给管理人员的计时工资、奖金、津贴补贴、加班加点工资及特殊情况下支付的工资等。

2. 办公费：是指企业管理办公用的文具、纸张、账表、印刷、邮电、书报、办公软件、现场监控、会议、水电、烧水和集体取暖降温（包括现场临时宿舍取暖降温）等费用。

3. 差旅交通费：是指职工因出差、调动工作的差旅费、住勤补助费，市内交通费和误餐补助费，职工探亲路费，劳动力招募费，职工退休、退职一次性路费，工伤人员就医路费，工地转移费以及管理部门使用的交通工具油料、燃料等费用。

4. 固定资产使用费：是指管理和试验部门及附属生产单位使用的属于固定资产的房屋、设备、仪器等的折旧、大修、维修或租赁费。

5. 工具用具使用费：是指企业生产和管理使用的不属于固定资产的工具、器具、家具、交通工具和检验、实验、测绘、消防用具等的购置、维修和摊销费。

6. 劳动保险和职工福利费：是指由企业支付的职工退休金、按规定支付给离休干部的经费，以及集体福利费、夏季防暑降温补贴、冬季取暖补贴、上下班交通补贴等。

7. 劳动保护费：是指企业按照规定发放的劳动保护用品的支出，如工作服、手套、防暑降温饮料以及在有碍身体健康的环境中施工的保健费等。

8. 检验试验费：是指施工企业按照有关标准规定，对建筑以及材料、构件和建筑安装物进行一般鉴定、检查发生的费用，包括自设实验室进行试验所耗用的材料等费用。不包括新结构、新材料的试验费，对构件做破坏性试验以及其他特殊要求检验实验的费用和建设单位委托检测机构进行检测的费用。对此类检测发生的费用，由建设单位在工程建设其他费用中列支；但对施工企业提供的具有合格证明的材料进行检测，不合格的，该费用由施工企业支付。

9. 工会经费：是指企业按《工会法》规定的全部职工工资总额比例计提的工会经费。

10. 职工教育经费：是指按职工工资总额的规定比例计提，企业为职工进行专业技术和职业技能培训，专业人员继续教育、职工职业技能鉴定、职业资格认定以及根据需要对职工进行各类文化教育所发生的费用。

11. 财产保险费：是指施工管理用财产、车辆等的保险费用。

12. 财务费：是指企业为施工生产筹集资金或提供预付款担保、履约担保、职工工资支付担保等所发生的各种费用。

13. 税金：是指企业按规定缴纳的房产税、车船使用税、土地使用税、印花税等。

14. 其他：包括技术转让费、技术开发费、投标费、业务招待费、绿化费、广告费、公证费、法律顾问费、审计费、咨询费、保险费等。

6.3.1.2 建筑工程成本类别

工程预算成本，以预算定额为基本依据编制。工程计划成本，建筑企业为保证完成降低成本任务，在工程预算成本的基础上，根据降低成本指标和技术组织措施编制。它与预算成本的差额就是计划降低成本额。工程实际成本，是按规定的成本项目，反映成本核算对象在施工过程中实际发生的费用。用它和工程预算成本比较，可以确定工程的实际降低成本额；用它和工程计划成本比较，可以考核工程降低成本计划完成情况。

6.3.2 影响建筑成本的主要因素

6.3.2.1 建筑规划、设计方面的主要影响因素

1. 概念和方案设计

概念和方案设计一般是在工程项目投资决策阶段的后期和正式开始设计的前期阶段。我们知道，概念和方案设计是决定建筑物风格、流派、造型乃至造价的第一步，不同的概念和方案会产生不同的效果，当然也影响到建筑成本。如传统的欧式风格建筑，它除了特有的构造以外，其外墙和屋顶附设计了更多的建筑饰物，给人以特有的印象；而现代建筑物通常比较简练，通过各种形式的线条、造型来突出现代人的一种生活方式和追求。不

同的建筑理念，它的概念和方案设计不尽相同，甚至大相径庭，其产生的结果足以影响建筑成本。

2. 建筑物功能的控制

建筑物功能的控制，其实质是对建筑物合理功能的控制。每一栋建筑物都有建筑物本身特定的功能要求，住宅、办公楼、商场等功能要求以人为本，在设计这些建筑物时，设计师应从满足人的基本需要进行考虑。建筑物建成后，功能太低则不能满足使用者需要；功能过高、不实用，则会增加投资而得不到最终价值的体现，因此，不切合实际的功能设计，其后果只能是增加成本，影响建筑成本的控制。

3. 建筑物大小对建筑成本的影响

当建筑物的外形相同时，如果建筑物的尺寸缩小，就会增加建筑面积的造价，反之，加大建筑物的尺寸，一般能使建筑面积的造价降低。这是因为建筑物外墙与建筑面积的比例增大或缩小，将会引起内部隔墙、装饰、安装等工程量成比例的增加或缩小，同时基础、屋面沿口、门窗、遮阳板及施工脚手架等费用也会引起相应的增加或缩小。

4. 平面形状对建筑成本的影响

一般来说，在相同的建筑面积条件下，建筑物的外形越简单，外墙长度就越短，单位造价也就越低；相反，建筑平面外形复杂而且不规则，则外墙周长和建筑面积之间的比例必将增加，这将引起单位造价的提高。常用建筑平面结构见图 6-16，不规则的建筑外墙，不仅使墙体增加，而且室内外管线工程及基础费用也会增加。

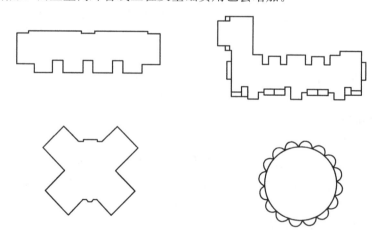

图 6-16 常用建筑平面布置图

5. 建筑层数

不同类型的建筑物，如别墅、多层、小高层、高层、超高层建筑等，它们都有不同的设计、施工规范要求，如小高层与层高的设计规范要求就不尽相同，具体地反映在抗震、抗风、防火、增压等方面（平面布置见图 6-17）。在同一类型的建筑物内，由于执行的是同一规范，因此一般不会人为地去提高一个规范档次从而引起建筑成本的增加。而不同类型的建筑物，由于规范要求不同，建筑成本必然不同，特别是介于小高层和高层两者之间的建筑物，可谓不上不下，但在设计时，设计规范要求在这种情况下必须执行高一个档次的设计规范要求时，其增加的成本却大得多，而这样的设计在房屋销售时又不能得到购买人的认同。从价值工程原理这一角度看简直是一种无谓的浪费。当然，在同一档次的建筑物内，有时增加几层或减少几层同样会引起建筑成本的变化，其一般的变化规律是增加层数时建筑成本下降，减少层数时建筑成本上升，但对具体的工程而言，只有经过具体的分析和测算时才能了解成本的变化情况。

(a)

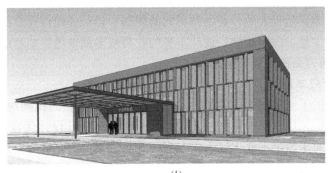

(b)

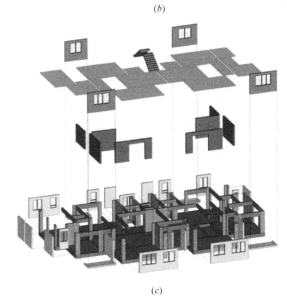

(c)

图 6-17　别墅、多层、小高层、高层、超高层建筑示例图

(a) 某高层建筑效果图；(b) 某多层建筑效果图；

(c) 某别墅建筑构件拆分图

6. 建筑层高

建筑层高的增加，意味着工程实物量的增加，例如墙体、门窗、粉刷、装饰、管线等。这些增加的实物量分摊在建筑面积上只会引起单位建筑面积造价的增加。因此除了底层或公共活动场所或特别需要之外，在满足设计规范后，一般不应盲目地增加层高。

7. 建筑材料、设备标准

一般而言，建筑成本随着建筑标准的变化而变化，建筑材料、设备标准高的，建筑成本随之增高。但是，在有些情况下也并不完全如此。所谓高标准的建筑材料和设备，其重要的标志是指品牌、价格或是较为稀贵的产品，并产生一定的影响，其成功之处是在于各种要素的巧妙搭配。例如在装饰房屋墙面时，虽然可取品牌好、价格高的墙纸，但远不如用颜色和谐、价格大众化的涂料产生的效果来得更好、更易于为买主接受。因此，不仅仅是材料、设备的品牌好和价格贵就一切都好，有时候注重合理和巧妙的设计手法比单纯追求建筑材料、设备的高标准和单纯的品牌效果更好。

8. 规划、设计本身

规划、设计本身的收费在投资中的比例并不是很高，但对于一个成规模的建筑物或建筑群体而言，往往差异是很大的，业主与不同的规划、设计公司订立合同时，费用相差几十万元的事例并不少见，因而规划、设计本身的收费或多或少地影响着建筑成本。

6.3.2.2 模具方面的主要影响因素

1. 模具对生产成本影响

采用装配工法的工业化建筑成本中，预制构件生产和安装的比例约为 7：3，而在预制构件的成本组成中，模具的摊销费用约占 5%～10%（模具设计优良的前提下），由此可见，模具的费用对于整个工业化建筑成本而言是非常重要的。常用模具种类见图 6-18。

2. 模具对生产效率影响

对生产效率影响最大的工序是拆模、组模以及预埋件安装，其中就有两道工序涉及构件模具，而且目前国内的外墙板自动化生产线设计节拍一般为 15～20 分钟，如果不能在规定的节拍时间内完成拆模、组模工序，就会导致整条生产线处于停滞状态。

3. 模具对生产构件质量的影响

混凝土是塑性材料，成型完全要依靠模具来实现，所以工业化预制构件的尺寸完全取决于模具的尺寸。无论是即将发布实施的国家行业标准《装配式混凝土结构技术规程》还是各地地方标准，对预制构件的尺寸精度要求都非常高，所以模具设计得好与坏将直接影响预制构件的尺寸精度，特别是随着模具周转次数的增大，这种影响将体现得更为明显。

6.3.2.3 施工方面的主要影响因素

1. 工程价格构成要素

工程价格构成要素包括建筑工程施工成术、利润和税金，其中以建筑工程施工成本的影响为最大。建筑工程成本由材料费、人工费、机械台班费、其他直接费和现场经费、管理费（间接成本）构成。在这些因素中，对工程价格影响最大的是材料费，约占建安工程价格的 60%～70%。材料费所占的比重之所以很大，主要是因为工程体形庞大，耗用材料多。影响材料费的另一因素是材料单价。在市场活动中，价格随着供求等关系的影响始终处于变动态势。因此，材料单价的浮动影响了材料费用，又极大地影响工程成本并波及工程价格。人工费在工程成本中的地位次于材料费，虽然其所占比例远低于材料费，而对

图 6-18　常用的模具种类

(a) 叠合板模具；(b) 夹心保温板模具；(c) 楼梯模具；(d) 带飘窗 PCF 挂板模具；(e) 密肋复合墙板模具

工程价格的影响却是关键，并呈现较为复杂的状态。人工费的多少取决于用工量和单价。由于工程施工手工劳动量大，用工多，故人工费支出相对较多。人工单价取决于承包商的劳动组织和劳动生产率以及分配制度。关于机械台班费，随着施工技术、设备的进步，其对施工成本的重要性绝对不能忽视。它的比重根据工程施工难易而变化。需要机械作业越多，其比重越大，较高的和较深的工程大都会使机械费增加，它在成本中的比重于人工费有反比关系且机械化水平越高，比重越大。机械台班单价的高低还与采用的机械来源有关：机械是租来的，单价是由机械租赁市场决定的；机械是承包商自己的，则单价取决于折旧费与使用费。其他直接费是发生在工程上的费用，实际上是一种综合性费用，只能因工程的具体情况而定，一般说来，施工现场条件比较好的，费用可以省一点，反之，费用就会增加。关于现场经费和公司管理费，实际上是项目经理部的管理费和现场临时设施的费用以及公司管理费，这些都与管理水平有关，其潜力很大，具体要看承包商是怎样安排的。

在建筑工程施工成本一定的情况下，承包商要想多赢利，价格就会增高，要想价格水平确定为某一具有竞争性的目标，利润水平就要降低。对发包方来说，希望利润低些，对承包方来说，希望利润高些，如何使价格适中，使承包商和发包方都能接受，这是经营者决策中的问题。承包商要想有利可图，必须依靠竞争取胜。至于税金（指营业税、城市维护建设税和教育费附加，是转嫁税，最终的承担者是业主），是国家规定的必须上缴部分，不是业主和承包商所能决定的，它是基于工程成本和利润水平再计入工程承包价格。

2. 市场条件的影响

市场条件的影响有两点：一是供求状况；二是竞争状况。供求状况的影响。对发包承包价格市场供求状况能产生影响的是生产要素。在诸生产要素中，人工费用发生的变化并不会很大，因为建筑市场中人力的供应总是处于买方市场状态，即供大于求，人工费在相对时段里，其变化将是缓慢的，但也会受市场的影响而产生一定的变化，在一定程度或多或少地影响发包承包价格。对发包承包价格最有影响的还是材料价格和机械台班价格。这是因为，就某一种材料或某种机械设备来讲，有时供大于求，则价格降低；有时供小于求，价格升高。当材料价格和机械台班费降低时，工程价格中的材料费和机械费减少；反之，当材料价格和机械台班费提高时，工程价格中的材料费和机械台班费增加。所以材料价格和机械台班价格是弹性的，既有供给弹性，又有需求弹性。

竞争状况的影响。建筑市场属于买方市场，施工力量供应远远大于施工需求，故建筑市场的竞争主要表现为承包商之间的竞争。承包商之间的竞争主要表现在价格上，招投标法又规定低价中标，所以低价成为中标的先决条件。作为买方的发包方，可以利用买方市场这一特殊的优势（也是买方与卖方竞争中买方的既定优势）采取适合的、有限度的压价发包，并在施工过程中对工程变更和索赔导致的价格调整持保守态度。同样，因为这种在价格上的不平等地位，使承包商承担着比业主更大的价格风险，业主可利用担保的手段（投标担保、履约担保、预付款担保、保修担保等）向承包人大量转移风险。

3. 管理因素的影响

经营管理因素包含了计价依据、计价方式、合同方式、发包人和承包人的价格管理活动及效果、结算方式等。

计价依据和计价方式的影响。对于业主和承包商来说，计价依据并不完全相同，但最基本的依据是计价所依据的图纸。图纸的详略影响计价的准确程度。计价方式有施工图预算计价、工料单价法计价、综合单价法计价以及通过竞争定价（含有标底定价与无标底定价）等。不同的计价方式会产生不同的定价结果。

各类合同方式的影响。合同方式有总价合同、计量单价合同、纯单价合同，各种成本加酬金合同等，不同方式的合同会使定价有不同的结果，也会影响施工过程中合同价格变更从而影响到价格、业主和承包商的价格管理活动及效果。业主从买方的立场上进行价格管理活动，首先是从低价发包的前提出发签订合同；其次是在施工活动中防止因工程变更（含各方提出的变更要求）和工程索赔所引起的工程价格增量最少（加强变更审查、索赔审查及两者定价审查和监督）。承包商为竞争取胜而进行具有策略性的报价，中标后进行合同谈判中力争得到优惠的合同价格和有利于未来调整和结算的合同内容。在施工中，承包商总是从盈利的前提出发，力争在合同价格的基础上通过索赔取得更多的收益。在结算时，承包商希望通过价格的调整和超合同工作量的补充计价取得收益。所以业主和承包商的共同管理活动，会导致最终的工程价格与合同价格产生很大差异。

结算方式的影响。工程结算方式很多，不同的结算方式及结算时的调整会导致竣工结算价格的差异性。

4. 施工方案的影响

施工方案是影响建筑成本的重要因素。对于高、大、深、特的建筑物来讲尤其是这样。同一建筑物可以采用多种不同的施工方案，好的施工方案不仅可以加快进度，提高质量，而且还可以省钱。以高层建筑物为例，为创造垂直施工条件，既可以搭设脚手架，也可以搭挑排脚手架，还可以用吊篮脚手架、爬升脚手架等多种施工方案。不同施工方案的差异是很大的，在确定建筑成本时，仅此一项有时可以相差几百万元。施工方案对建筑成本的影响，还反映在施工过程中间，如深基础下的桩基础工程，通过先挖去部分土层再打（灌）桩施工方法可减短桩的长度或减少送桩工程量，又如土方运输时的合理调度、掌握拆除模板的最佳时机、施工合理化建议等。通过合理化建议调整施工方案，在加快施工进度，提高质量等级的情况下，会影响到价格的变化。

5. 工期的影响

在确定建设工程发包承包价格阶段，业主是按照建设项目的建设周期提出施工阶段的目标工期，以保证整个建设项目按计划完成，而承包商则根据建设工程的情况，结合生产组织、劳动力标准、设备、成本等具体因素，使其达到价格、质量、工期的最佳平衡点后提出自己的工期，相对而言此时工期对价格的影响不是很大，但在合同履行过程中，工期对价格的影响发生了变化，因业主原因引起的工期拖延，承包商可按合同进行索赔，反之，由于承包商生产组织不当拖延了工期，业主应支付给承包商为此而增加的费用。这些情况的发生，在施工过程中是屡见不鲜的，都会影响结算价格的变化。

6. 工程质量的影响

建设工程发包承包价格的确定，是以符合设计和各类规范要求的合格产品为基本要求。工程质量标准一般可分为优良、合格、不合格。优良工程是通过高素质的技术工人和管理人员，合理的施工组织以及良好的设备保证和品质优良的建筑材料来实现，而不合格工程则相反。优良工程、合格工程、不合格工程还会产生不同的后果，并引起连锁反应，其最终的成本必然影响到施工价格的变动。

7. 其他影响

除以上各种因素外，其他影响建筑成本的因素还有很多，例如：建设行政主管部门的规定与政策、金融政策、税收政策、建设政策及规定、外汇政策、改革政策等；宏观经济状况，改革的深入状况，社会的安定团结状况，国民经济市场发育状况；固定资产投资规模、方向、结构及方式；国家及行业的技术发展水平，经济发展水平及宏观管理水平；国际市场状况及外商投资状况。总而言之，建筑成本的影响因素很多，工程价格无论是合同确定的还是最终结算的，是大量影响因素综合作用的结果。许多因素之间有着千丝万缕的联系，不能孤立地处置某个因素，在进行工程价格定价时，应把各种因素联系起来综合考虑。

6.3.3 降低成本的主要措施

6.3.3.1 降低成本的主要措施

1. 建筑设计环节

（1）建筑方案设计

建筑方案设计是业主和设计部门之间的融合，既要满足业主的要求，也要做出更加合理、经济的设计方案，对综合效益起决定作用。建筑选型、结构选型、构件形式、预制范围的确定，应该考虑模数、重复率以及构件和模具种类等因素，需要综合构件设计、模具设计、装配施工、建筑经济的知识。

（2）预制范围的确定

在满足质量要求的前提下，预制构件和现浇构件的造价不同，所以我们要选择适当的预制范围以达到节约成本的目的。水平承重构件：预制楼板、楼梯、阳台在质量和价格方面比现浇有优势。垂直承重构件：预制外墙比现浇无价格优势，但从长期效益角度有价值，预制非承重隔墙比砌体墙有价格优势。

不同的构件形式也会对预制构件的成本产生影响。立体构件的模具复杂、运输效率低、安装困难，会导致成本增加。平板构件的模具简单、对方运输效率高、安装简便、可以降低成本；也可以解决外观效果问题。所以应该综合各种因素，选择合适的构件形式和预制范围。

（3）构件详图设计（图 6-19）

构件详图设计是构件厂和施工单位之间的融合，好的构件详图既可以方便构件厂的生产，也能提高施工单位的施工精度，对项目的成败起到决定性的作用。详图设计需要对建筑、结构、水电等多个专业的技术进行集成，节点大样的设计应有利于构件生产、运输和安装，不能因错、漏、碰、缺而返工。预制构件的生产方式也会影响建筑成本，不同类型的构件要选择不同的生产方式，来达到节约成本的目的。梁、柱、楼梯可以采用固定模位的生产方式，墙板类构件可以采用自动化生产线，预应力楼板、双 T 板可以采用长线台座的生产方式。

2. 模具设计环节

根据预制构件特点、数量、工期要求，合理确定模具形式以及模具数量。尽量采用通用化的模具，延长模具寿命降低模具摊销费用。进一步降低模具损耗，提高生产效率。

（1）使用寿命

模具的使用寿命将直接影响构件的制造成本，所以在模具设计时就要考虑到给模具赋予一个合理的刚度，增大模具周转次数。

（2）通用性

模具设计人员还要考虑如何实现模具的通用性，也就是增大模具重复利用率。

图 6-19　构件形式图

(*a*)(*b*)(*c*)立体构件；(*d*)(*e*)平面构件

（3）方便生产

模具影响生产效率主要体现在组模和拆模两道工序，所以在模具设计时必须要考虑到如何在保证模具精度的前提下减少模具组装时间。

（4）方便运输

设计模具时充分考虑这点，就是在保证模具刚度和周转次数的基础上，通过受力计算尽可能地降低模板重量，不靠吊车，只需 2 名工人就可以实现模具运输工作。

3. 施工组织设计环节

由于影响建筑成本的因素很多，它们都可以采取相应的控制方法，但归纳起来，主要还是从以下几个方面入手，以抓住主要矛盾，达到事半功倍从而控制建筑成本的效果。

（1）通过招标（公开或邀请）挑选承包商

承包商的选择必须通过招标进行，而对于外资项目，一般可先通过自己认识、旁人的推荐以及信息媒体介绍后邀请洽谈，在交流中加深了解，在确认各承包商的信誉和综合施工能力以后，按招标程序进行招标，最后进行方案、价格、服务等多方比较，直至选出理想的承包商。

（2）指定项目经理

工程建设的顺利与否，很大程度上取决于承包商的项目经理，而且，建筑成本的控制也与承包商的项目经理有关。项目经理的工作并不只是为了承包商自己的利益，具有良好素质的项目经理有着较强的组织能力，通过有条不紊的管理，可以减少不必要的额外耗费，有时还可以提出合理化建议，从而控制建筑成本，降低造价。

（3）选择合适的施工合同方式

合同价格不是一成不变的，合同方式也不是唯一的，通过招投标确定的中标价一般不是最终价。因工程变更或其他原因都会引起价格的变化。正因为如此，业主可通过选择不同的合同和价格调整方式，以期达到合同价格的有效控制。通常有一定规模的工程项目的合同形式可采用固定总价合同和分部分项工程单价合同，业主在招标之前，应根据施工招标项目的准备工作情况，主要是设计深度、工程项目本身所具备的条件和项目的具体内容，以及工期要求等考虑合同以及价格组成的各种方式。

（4）挑选专业对口的工程监理公司

工程监理公司主要是协从业主对承包商的施工方案、工程质量、进度与工期、施工现场等进行监督和管理。承包商按照施工组织设计方案与监理公司按照监理大纲规定进行工作是控制建筑成本的重要保证。

（5）严格把握材料、设备采购价格的审核关

建筑工程在建造时，业主对关键、重要或特殊的材料、设备自行采购或要求承包商在采购前由业主确认。事实上，这些材料、设备通常在建筑成本的构成中占有较大的比例，例如各种饰面材料、电梯、空调设备等，或是单价大，或是数量多，各种各样的品牌和规格也很多，在组织选择这些材料、设备时，不同的采购方法和手段足以引起建筑成本的波动，因此，严格把握材料、设备采购价格的审核关是控制建筑成本的重要一环。

6.3.3.2 建筑成本控制的必要性

建筑工程中施工项目成本是在工程进行中所产生的全部生产费用的总和，施工项目成本管理的目的是在保证项目质量符合标准，施工进度不超过计划进度的前提下，降低工程项目的成本，获得项目利益的最大化。

在当前建筑行业，成本管理能促进建筑企业逐步完善自己的管理体制，好的成本控制带来的收益一方面给企业增加了自己的竞争力，另一方面也让企业总结经验，对自己各方面的技术、管理等更加系统、更加完善。同时，成本管理又促成建筑企业创新，成本管理促使企业去开发新技术来扩大生产力、提高生产效率促进项目成本结余，而新技术的生产同时也促进了新的项目成本管理模式的产生。建筑工程项目成本管理也是提高企业经济效益和企业综合实力的重要保障，在建筑行业工程成本是反映一个企业经济效益的重要标志，工程成本是企业在项目实施期间内劳动、材料等等的消耗水平，而施工企业在施工期间劳动的生产率、设备使用情况、材料的消耗、各项费用的支出以及各种损耗都直接表现在项目工程成本的管理水平上，所以企业要想获得更高的利润，必须严格重视项目的成本

管理，只有好的管理才能既保证工程质量又能提高经济效益。

6.3.3.3　建筑工程项目成本管理的原则

建筑企业对于成本的管理，必须在一定的原则框架内才能发挥成本管理的作用，否则，漫无边际的成本管理势必造成混乱，带来相反的效果。项目成本管理要符合国家政策的规定，只有在国家及行业法律规定范围内成本管理才能得到企业的长远利益。只有在保证建筑工程质量的前提下才可谈成本的管理。项目成本管理要遵循效益原则，一切的成本管理都是为了提高经济效益，在具体管理过程中统筹兼顾保证效益，减少不必要的损耗。同时，成本管理要遵循全面控制原则，从项目开始成本管理就伴随着项目实施的全过程，建设过程中实施控制，建设后期进行总结，力求有支出有回报，实现成本管理及控制全过程。

6.3.3.4　建筑工程项目成本费用管理控制上存在的问题

1. 缺乏成本预控意识

在建筑工程的项目决策阶段，投资者往往没有根据项目的情况作出相应的投资估算，没有在这一阶段进行建筑工程的造价管理与成本控制。而且有些工程虽然进行了简单的造价管理工作，但都达不到其本质的目的。建筑单位往往是在项目确立之后就急于寻找设计单位进行工程设计，而且设计方案一经设计完毕，往往不会对设计方案进行过多的论证与比选，直接进行项目的前期施工，并且会在施工过程中频繁地变更设计，这些就会对建筑工程的造价管理产生影响，不利于对工程成本的控制。

2. 成本控制制度不够完善

成本控制制度在企业实施成本管理控制方面具有重要的现实意义。结合当前情况，虽然大部分的建筑企业建立了企业成本与费用管控的关联制度，但在实施过程中仅交予财务部门或审计部门，整体性与全局性的缺乏导致项目成本管理无序。主要表现在以下三个方面：其一，成本控制责任不明确，参与项目的每个人虽各司其职、各负其责，但自身缺乏主动控制意识；其二，即使部分施工人员有主动控制意识，但因成本控制权责不对等而没有成本控制的权限，导致无法真正落实成本控制；其三，激励机制的缺位及奖惩措施的缺乏，导致施工人员的积极主动性无法被充分调动起来，造成成本控制的落实流于形式。

参 考 文 献

[1] Le Corbusier，陈志华．走向新建筑．北京：商务印书馆，2006.

[2] A. E. J. Morris, G. Godwin. Precast Concrete in Architecture. London：George Godwin Limited，1978.

[3] H. Bachmann, A. Steinle. Precast Concrete Structures. Berlin：John Wiley & Sons, Ltd. , 2010.

[4] 王德华，华绍彬．北京市全装配大板住宅建设评述（上）．建筑施工，1986，（1）：27-31.

[5] 黄小坤，田春雨．预制装配式混凝土结构研究．住宅产业，2010，（9）：28-32.

[6] 蒋勤俭．国内外装配式混凝土建筑发展综述．建筑技术，2010，41（12）：1074-1077.

[7] 范力，吕西林，赵斌．预制混凝土框架结构抗震性能研究综述．结构工程师，2007，23（4）：90-97.

[8] 王俊，赵基达，胡宗羽．我国建筑工业化发展现状与思考．土木工程学报，2016，（5）：1-8.

[9] GB 50010—2010. 混凝土结构设计规范．北京：中国建筑工业出版社，2014.

[10] JGJ 1—2014. 装配式混凝土结构技术规程．北京：中国建筑工业出版社，2014.

[11] GB 50666—2011. 混凝土结构工程施工规范．北京：中国建筑工业出版社，2014.

[12] GB 50009—2001. 建筑结构荷载规范．北京：中国建筑工业出版社，2006.

[13] GB/T 50002—2013. 建筑模数协调标准．北京：中国建筑工业出版社，2014.

[14] GB 50011—2010. 建筑抗震设计规范．北京：中国建筑工业出版社，2011.

[15] GB 50017—2003. 钢结构设计规范．北京：中国计划出版社，2013.

[16] GB 50204—2015. 混凝土结构工程施工质量验收规范．北京：中国建筑工业出版社，2002.

[17] 15G107-1. 装配式混凝土结构表示方法及示例（剪力墙结构）．北京：中国计划出版社，2015.

[18] 15G310-1. 装配式混凝土结构连接节点构造（楼盖结构和楼梯）．北京：中国计划出版社，2015.

[19] 15G310-2. 装配式混凝土结构连接节点构造（剪力墙）．北京：中国计划出版社，2015.

[20] 15G365-2. 预制混凝土剪力墙内墙板．北京：中国计划出版社，2015.

[21] 15G366-1. 桁架钢筋混凝土叠合板（60mm 厚底板）．北京：中国计划出版社，2015.

[22] 15G367-1. 预制钢筋混凝土板式楼梯．北京：中国计划出版社，2015.

[23] 15G368-1. 预制钢筋混凝土阳台板、空调板及女儿墙．北京：中国计划出版社，2015.

[24] 15J939-1. 装配式混凝土结构住宅建筑设计示例（剪力墙结构）．北京：中国计划出版社，2015.

[25] 15G365-1. 预制混凝土剪力墙外墙板．北京：中国计划出版社，2015.

[26] DG/TJ 08—2071—2010. 装配整体式混凝土住宅体系设计规程（上海）．北京：中国标准出版社，2010.

[27] DG/TJ 08—2069—2010. 装配整体式住宅混凝土构件制作、施工及质量验收规程（上海）．上海：同济大学出版社，2010.

[28] DGJ 08—2154—2014. 装配整体式混凝土公共建筑设计规程（上海）．上海：同济大学出版社，2015.

[29] DGJ 08—2117—2012. 装配整体式混凝土结构施工及质量验收规范（上海）．北京：中国建筑工业出版社，2013.

[30] JGT 398—2012. 钢筋连接用灌浆套筒．北京：中国标准出版社，2013.

[31] JG/T 408—2013. 钢筋连接用套筒灌浆材料．北京：中国标准出版社，2013.

[32] JGJ 3—2010. 高层建筑混凝土结构技术规程. 北京：中国建筑工业出版社，2011.

[33] JGJ 107—2016. 钢筋机械连接技术规程. 北京：中国建筑工业出版社，2016.

[34] JGJ 55—2011. 普通混凝土配合比设计规程. 北京：中国建筑工业出版社，2011.

[35] JGJ/T 281—2012. 高强混凝土应用技术规程. 北京：中国建筑工业出版社，2012.

[36] JGJ 18—2012. 钢筋焊接及验收规程. 北京：中国建筑工业出版社，2012.

[37] 中国城市科学研究会绿色建筑与节能专业委员会. 建筑工业化典型工程案例汇编. 北京：中国建筑工业出版社，2015.